建筑视界丛书 SERIES OF ARCHITECTURE VISION

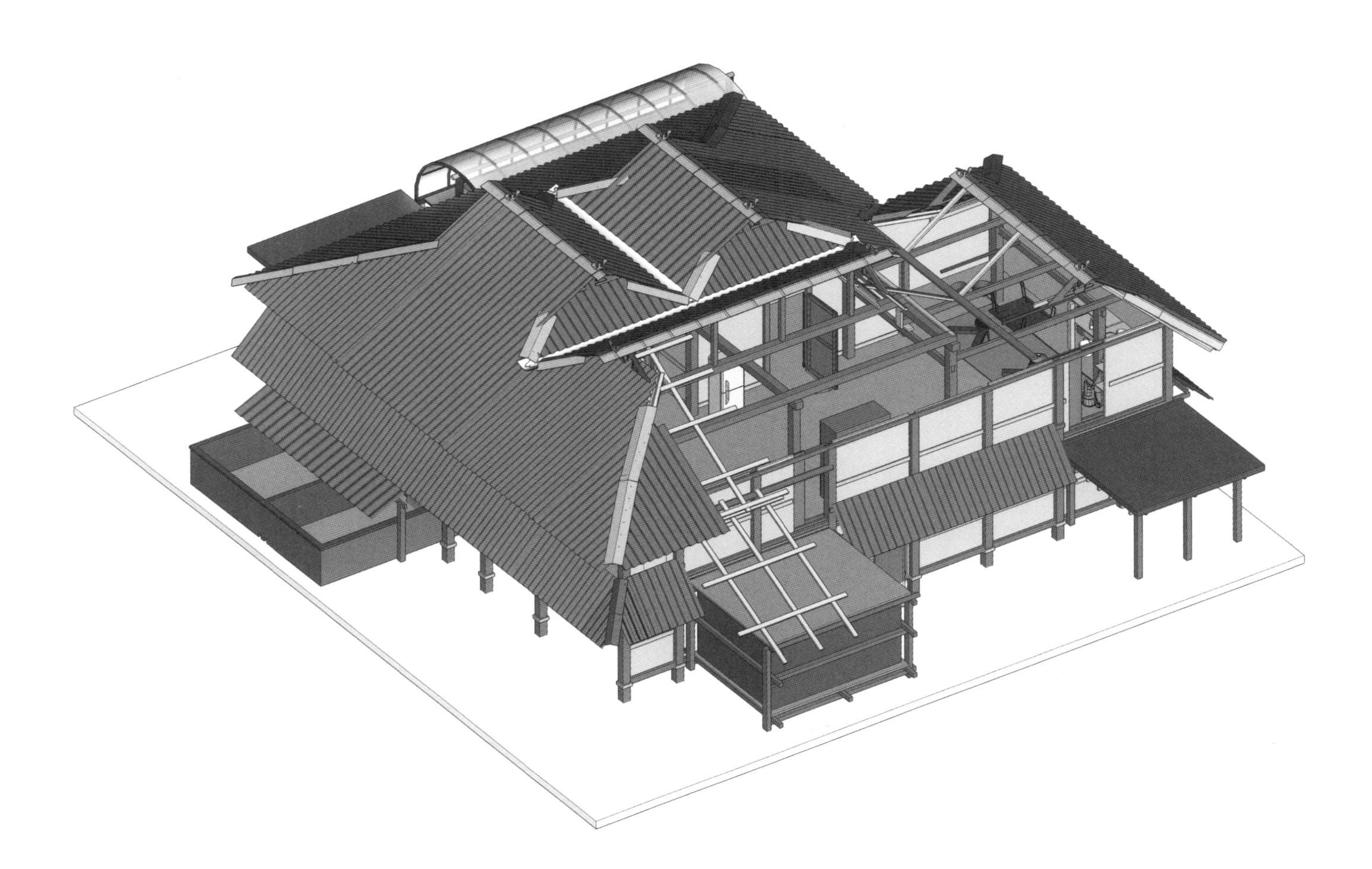

Village in Forest: Hani Settlement and Housing of Mangang Village, Xishuangbanna

林中山寨｜西双版纳哈尼族曼冈寨聚落与住居

郦大方 钱云 尹豪 冀媛媛 著

中国林业出版社

本书得到以下科研经费支持：

（1）2018—2019，“乡村聚落景观集体记忆特征研究——以京西、黔中四村为例”，北京林业大学中央高校基本科研业务费专项资金项目（项目号 2018ZY15）；

（2）2013—2016，“四川丹巴嘉绒藏寨特色人居环境系统解析与可持续发展研究”，北京高校青年英才计划（项目号 YETP0746）；

（3）“优秀青年教师科技支撑专项计划——西南少数民族地区聚落与景观形态解析”，中央高校基本科研业务费专项资金（the Fundamental Research Funds for the Central Universities）（项目号 YX2010-7）。

图书在版编目（CIP）数据

西双版纳哈尼族曼冈寨聚落与住居 / 郦大方，钱云，尹豪，冀媛媛著. — 北京：中国林业出版社，2019.5

ISBN 978-7-5219-0069-9

Ⅰ. ①西… Ⅱ. ①郦… Ⅲ. ①哈尼族－居住建筑－研究－西双版纳 Ⅳ. ①TU241

中国版本图书馆CIP数据核字（2019）第085593号

建筑视界丛书 SERIES OF ARCHITECTURE VISION

西双版纳哈尼族曼冈寨聚落与住居

策划编辑　吴　卉　张　佳
责任编辑　张　佳
封面设计　贾子玉　张　肖

出版发行　中国林业出版社（100009　北京市西城区德内大街刘海胡同7号）
电　　话　(010)83143561
制　　版　北京美光设计制版有限公司
印　　刷　北京雅昌艺术印刷有限公司
版　　次　2019年11月第1版
印　　次　2019年11月第1次印刷
开　　本　787mm×1092mm　1/16
印　　张　6
字　　数　150千字
定　　价　88.00元

未经许可，不得以任何方式复制或抄袭本书之部分或全部内容。
©版权所有　侵权必究

序言

中国的乡土建筑和聚落是个巨大的宝库，是珍贵的物质文化遗产。其历经沧桑、饱尝风雨，坚实而又淡定地繁衍着、演化着、成长着。这些乡土建筑和聚落不仅积累了民间建筑技术与艺术的宝贵经验，而且蕴藏着深厚的历史人文信息。

对中国乡土建筑与聚落的调查研究，不仅是老一代建筑学人的历史使命，也成为了新一代建筑学人责无旁贷的历史传承。值得欣喜的是，对此的深入调研，除了对位于广大汉族地域的调研之外，已经向地处偏远的少数民族地域的调研展开。这其中，针对云南省西双版纳傣族自治州勐海县曼冈村的调研，正是拾遗补缺、填补空白的明智之举。

对少数民族乡土建筑与聚落的调研，尽管已有相当多的成果，且分布范围和调研重点各有侧重，但一些成果大多局限于对聚落物质空间与建筑形式的调研。这类调研往往缺乏对其聚落物质空间形成的社会经济背景和特定人群的深入了解，包括社会制度、家庭组织、宗教文化、民族习俗及生产方式等导致生活场所的变异都较少涉及。这就很难全面解读乡土聚落物质空间形态和建筑形式。本课题组则力图改变这一状况，为此进行了一系列创新性的探索。

这些创新点如下：

1. 本课题从建筑与聚落的物质空间的调研入手，在调查解析影响其形态的地理、气候、生态等自然物理要素外，特别针对影响其形成发展的社会制度、宗教信仰、家庭结构、历史人文、民族习俗，以及生产生活方式等的社会经济人文要素进行深入调查，进而揭示出两大影响因素之间相互作用又互相制约的内部联系，由此使我们对这一哈尼族村寨的聚落与建筑空间形态有了全景式多视角立体系统的思维和评价。这也为其他民族乡土聚落与建筑的调研提供了借鉴。

2. 有关哈尼族村寨聚落的调研，是乡土建筑与聚落调研大课题中欠缺的。本课题则在一定程度上具有填补空白的开创性贡献，尽管课题所选择的曼冈村历史不长（仅有百余年历史），但其基本上沿袭了哈尼族原始生态村寨的主要特征和演变过程，具有一定的代表性和研究价值。课题组不仅侧重于其物质文化遗传的调研，而且能进一步发掘其非物质文化遗产的传承，此点也弥足珍贵。

3. 本课题组采取了多学科协同调研的方法，在很大程度上克服和填补了以往此类调研主要由建筑景观等单一学科调研的专业局限性和片面性。从课题组人员构成上及调研方法上均可以证明这一点。课题组主持人郦大方及钱云，均为建筑学科和城乡规划专业背景；包胜勇为社会学背景；尹豪、冀媛媛则为风景园林学背景。他们所指导的团队，则为北京林业大学园林学院和中央财经大学社会学系的研究生、本科生，完全可以胜任此课题多学科协同调研的工作。

本课题调研思路清晰、方法正确、内容充实、资料翔实、表达规范，堪称同类调研成果中的范例。这不仅会对广泛深入调研少数民族乡土建筑与聚落的工作具有参考借鉴价值，而且会对实施我国新时代乡村振兴战略、精准扶贫，以及弘扬保护物质与非物质遗产的任务具有积极意义。

金笠铭

2019年05月08日

于清华大学蓝旗营

前言

2009年项目组成员在昆明参加完第16届世界民族学和人类学大会后去西双版纳调研，在哈尼族艺术家说三的带领下走访了西双版纳的傣族和哈尼族的村寨。2010年7月在“北京林业大学优秀青年教师科技支持专项计划——西南少数民族地区聚落与景观形态解析”课题资助下，由北京林业大学园林学院、中央财经大学社会学系和天津农学院部分师生组成的研究小组前往西双版纳，对哈尼族村寨进行调查，最终选择勐混镇的曼冈寨作为重点研究村寨。全组成员进入村寨，在当地村委会和村民的配合下，在村民家中、村寨的公共场所、田间地头与老人、尼帕、工匠、村委会干部、乡村医生、留在村里的年轻人等不同年龄、不同背景的村民做访谈、绘制意向地图，跟随乡村医生上山采药，调查村寨的生态环境和植被构成，参与村寨的节庆活动，对村寨聚落和典型民居进行测绘。研究小组通过大量调查工作获得了村寨历史、族群传统、乡村建设、家庭结构、经济生产、住居建造等宝贵一手资料。调研结束后研究小组整理调查所得的文字、音像、图纸资料，同时进一步收集相关资料，发表相关论文7篇，完成硕士论文1篇。在2011年初与中国文化遗产研究院联合组织了西南山地聚落研讨会，项目组以曼冈村为主题做了多项专题报告。经过7年不断的研究整理，终于完成本书。

随着时代发展，近几年村寨面貌发生了变化，但本书所记述村寨现状主要以2010年前后的调研所获资料为主。

调研组教师：北京林业大学园林学院郦大方、钱云、尹豪，中央财经大学社会学系包胜勇，天津农学院冀媛媛。参与学生：林元珺、宋亚萍、秦超、祖育猛、徐瑞、胡敏、胡依然、蒋诗超。除以上同学外，参与调研材料整理、图纸绘制的同学还包括：杨雪、孙甜、刘欣愉、白雪悦、马小涵和王子瑜，参与文章写作整理的同学：贾子玉、卓荻雅、王念。本书研究方法部分由钱云、郦大方完成，聚落空间构成部分由郦大方、钱云完成，涉及社会学部分由包胜勇指导宋亚萍完成，西双版纳哈尼族历史和曼冈村历史部分由林元珺、卓荻雅、王念完成，植物景观部分由尹豪、冀媛媛完成，基础设施部分由冀媛媛完成，住居部分由郦大方、秦超、蒋诗超、贾子玉完成。

在调研及其后的研究中，项目组得到时任人民日报社云南分社宣宇才社长、西双版纳宣传部段金华部长、勐混镇黄书记等领导的支持，在曼冈村中，李三村长、珊芙、刘姐、图花等村干部和村民为我们讲解村寨历史、文化，陪同我们走访村寨，在访谈中为我们翻译沟通，架起我们与村民间沟通的桥梁，向我们提供住宿。在此对领导的支持、村民们的帮助深表感谢。在我们的研究中需要特别感谢的是曼冈村走出来的哈尼族艺术家说三，他为我们揭开了神秘的西双版纳哈尼族的面纱，带领我们走进了哈尼族村寨，在调研之后的研究中为我们答疑解惑。

注：文中图片除特别注明外，均为项目组成员拍摄、绘制。文中斜体字部分是说明相关问题的调研活动和村民访谈记录。

目录

第一章

研究方法和框架

1.1 国内外相关研究综述

乡土聚落的研究可追溯至19世纪。人们对乡土聚落的关注，从早期的聚落与自然地理环境关系的研究，逐渐转化为聚落形成、发展、类型、职能等问题的研究[1]。

英国人类学家马林诺夫斯基在热带地区进行了长期田野调查，开创了以当地人的视野思考和理解自身文化的价值和特性的人类学功能主义的研究方法[2]。法国人类学家克洛德·列维·斯特劳斯将结构主义引入人类学中[3]，科学分析不同人类文明的婚姻法则、家庭组织、神话传说等现象，建立模型，研究规律。日本建筑师藤井明、原广思调查了亚洲、非洲、欧洲的大量乡土民居，提出了聚落具有中心式和非中心式两种基本类型及其变形的基本空间图示[4、5]。经过长达两个世纪的发展，关于乡土聚落研究的方法日趋成熟。

A·拉波波特在《住宅形式与文化》之中给出乡土建筑定义，它属于民俗的，与上层文化的“官派”建筑相对立。20世纪中叶后，现代建筑作为工业文明的代表，成为建筑的主流，在世界各地广泛传播，与之相伴的对地域文化的忽视也引起各地的反弹，希望利用本土建筑文化与之抗衡的呼声越来越高。因此，传统的建筑包括乡土建筑的研究得以获得极大的重视。这种现象在中国建筑界更为明显。

从梁思成、刘敦桢等20世纪中叶第一代学成归国的建筑师借鉴西方建筑学的观点和方法开始研究中国传统建筑[6、7]，到20世纪80年代陆元鼎、陈志华、李晓峰等从社会学、民族学、生态学等角度对汉地乡土建筑与聚落研究，国内乡土建筑研究方法已形成较为成熟的体系。

在对汉民族乡土聚落研究的同时，国内学术界对少数民族地区的乡土聚落也做了大量深入的研究。但受交通不便、语言不通、文字资料缺少等因素影响，在人居环境层面，对于少数民族地区的聚落空间的研究，尤其是较为偏远地区的乡土聚落，很多仅仅是走马观花式的记录：仅关注于某一“民族”建筑形式，甚至仅仅关注建筑符号，乐于对某一“民族”建筑特征进行概括和总结，忽视聚落中生活的人，对聚落当地居民生活场所认识不足，甚至对这一“民族”的划定还缺乏深入了解。

总体而言，立足于人居环境的视野，综合多学科的研究方法探讨作为聚落本底的自然生态环境和族群历史发展而来的聚落社会、文化因素互动及其建构聚落空间的方式，是当前少数民族传统聚落研究的趋势。其中更为重要的是关注聚落中的社会结构、家庭组织、宗教文化等非物质因素对聚落和建筑物质形态影响的少数民族传统聚落空间研究[8]。

1.2 研究对象及方法

曼冈村地处云南省西双版纳州勐海县境内海拔约1500m的中山地带，距离位于坝区的勐混镇约13km。这一地域属于南亚热带暖夏凉冬区，夏季多雨故湿热，冬季少雨温和但是湿气很重，总体上十分适宜种植水稻、茶叶、甘蔗等农作物。特殊的立地条件也造就了哈尼族独特的安寨和建寨观念，同样也深刻影响到村寨空间布局、规模等方方面面。曼冈村哈尼人在世世代代逐山而居的生产生活中，积累了丰富的适应当地气候条件的住屋建房的经验，使他们能够在恶劣的自然环境中繁衍生息、逐渐壮大。

本次研究采取多学科综合研究的方式探讨曼冈寨哈尼族传统聚落空间构成及其演变。研究内容包括描述和剖析社会制度、宗教信仰、家庭结构、生产方式、文化习俗、自然山地地形、气候等要素对曼冈聚落和建筑形态的影响，解析曼冈聚落空间（Spatial interpretation of Mangang traditional settlements）的演变，以及对建筑内部空间结构及其变形的关注和解释。

第二章

曼冈村的基底
——自然生态环境

曼冈村坐落在滇南的西双版纳傣族自治州勐海县境内。要认识、了解曼冈村的自然生态环境，需要结合滇南山形水势、结合西双版纳的自然生态环境进行理解。

2.1 西双版纳自然生态环境简述

西双版纳位于云南省西南边缘（图1），地处澜沧江下游，北回归线以南。其东、北、西三面分别为无量山及怒山山地余脉，中部为澜沧江及其支流侵蚀形成的宽谷盆地。它位于热带北部边缘，受印度洋、太平洋季风气候影响，该地区为热带雨林气候，终年温润多雨，干湿季分明[9]。

在特殊的地理环境和独特的气候条件影响下，西双版纳具有复杂、多样的自然环境。总体而言，西双版纳的自然生态环境具有以下几大特征[10]：

- 雨热协调，夏季高温多雨、冬季干燥，谷地多雾；
- 气候、植被沿山地呈地带性性分布，平原、谷地为热带雨林、季雨林，山区为亚热带绿间阔叶林；
- 动植物生物种类繁多；
- 森林植被类型多样，植被系统结构层次丰富。

图1　云南省西双版纳区位（示意图）

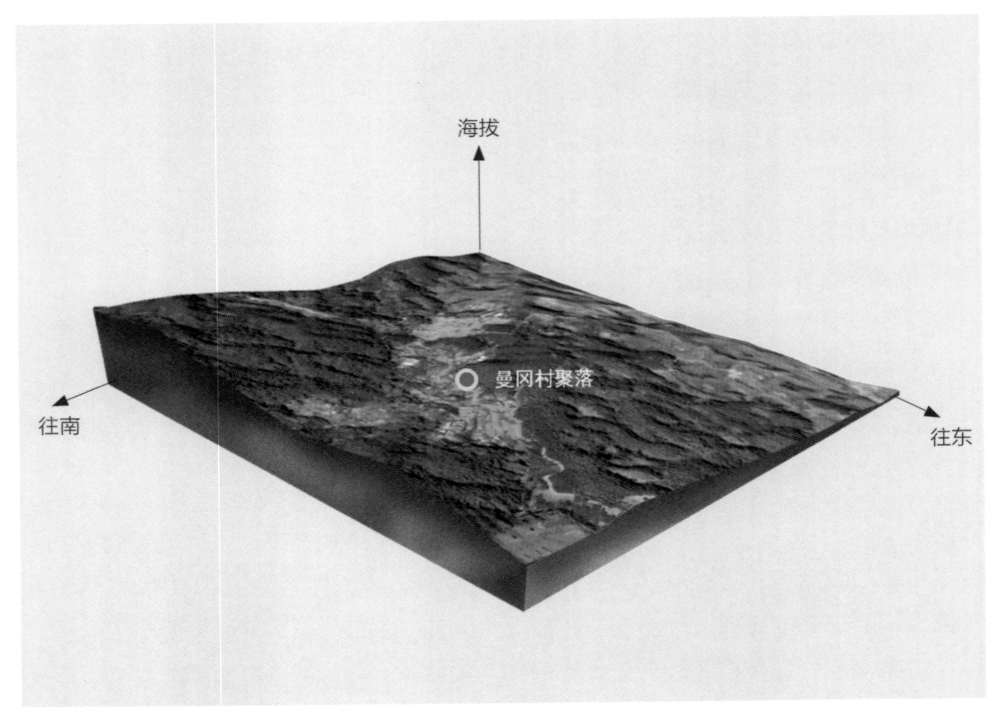

图2　勐海县曼冈村地形示意

2.2 曼冈村自然生态环境

2.2.1　地理气候条件

勐海县地处云南省西双版纳州西部，位于澜沧江西侧，与东侧景洪地势相比，勐海县地形陡升，地势较高，为典型的高原中山地形（图2）。

曼冈村寨地处勐海县偏南海拔约1500m的中山谷地，隶属于勐海县勐混镇[11]。

西双版纳山地立体气候特征明显，在纬度气候的基础上形成了由河谷北热带依次过渡的气候带谱。大致可以分为5个气候带（表1）。据表可知，曼冈村地貌类型主要为半山和高山，气候特征为凉夏暖冬[12]，属热带季风气候，曼冈的气候具有“温和湿润，冬无严寒，夏无酷暑”的特点。年平均气温18.3℃，年降雨量1410mm；极端最高温37℃，极端最低温-3.4℃，年霜日31天；风向以西南风和东南风为主，常风小，静风多[13]。

曼冈村寨周围山体土壤类型兼有赤红土壤和黄壤，并多含碎石沙砾，土壤粘结度不高，易发生水土流失的现象。

表1　西双版纳气候带谱自然植被形态

海拔	750 以下	750-1000	1000-1200	1200-1500	1500-2000
气候带	北热带	南亚热带	南亚热带	南亚热带	中亚热带
地貌特征	南桔河、勐往河和澜沧江的河谷区	山间及河岸坝区	坝区及半山区	半山及高山区	高山区
气候特征	酷暑暖冬	暖夏暖冬	暖夏凉冬	凉夏暖冬	凉夏凉冬
地理分布	· 打洛、勐板、布朗山的南桔河两岸河谷地区； · 勐往的勐往河和澜沧江两岸河谷地区	· 勐满、勐往坝区； · 布朗山南桔河两岸坝区	· 勐海； · 勐遮； · 勐混； · 勐阿(包括纳京、纳丙)； · 勐往的糯东	· 勐阿德贺建； · 勐往的坝散； · 勐宋的曼迈、曼方、曼金； · 格朗和的黑龙潭、南糯山； · 西定的曼马、南弄； · 巴达的新曼佤、曼皮、曼迈、章朗； · 勐冈全境	· 西定、巴达格朗和、勐宋4个乡的大部分地区； · 勐满的东南至东北面

位处海拔1500m的中山地带，曼冈村植被形态符合热带山地垂直地带性特征，总体上看为季风常绿阔叶林，其乔木层分为两层，由壳斗科、大戟科、樟科、茶科等常绿阔叶树种组成，林冠整齐而彼此相连；灌木、草本层植物种类较少，主要是上层乔木的幼苗；层间木质藤本仍较丰富，但附生植物少见（图3）[14]。

复杂且多样的土壤类型与立体气候等造就了植被物种的丰富性。

2.2.2　山地聚落生态系统特征

山地景观是大自然的杰作，依山而生的哈尼人巧妙利用它蕴含的丰富“能量”顽强地生存下来。山的规模大小、海拔高度、地理位置、水文地貌以及与之相伴生的动植物资源等条件始终影响和制约着哈尼村落的选址、布局和发展。

图3　曼冈寨典型植物群落构成

根据约翰·布林克霍夫·杰克逊提出的乡土景观三分法[15]：“有三重呈同心圆分布的区域，分别是围合的村落、农业耕作区以及外围大片未耕作的地带[16]”，西双版纳哈尼村寨大多位于山腰，作为山地聚落，按照生态组成要素空间分布特征，大致可分为：“寨上——森林”“寨中——村寨宅院聚集区”“寨下——田地”三个子系统[17]（图4）。

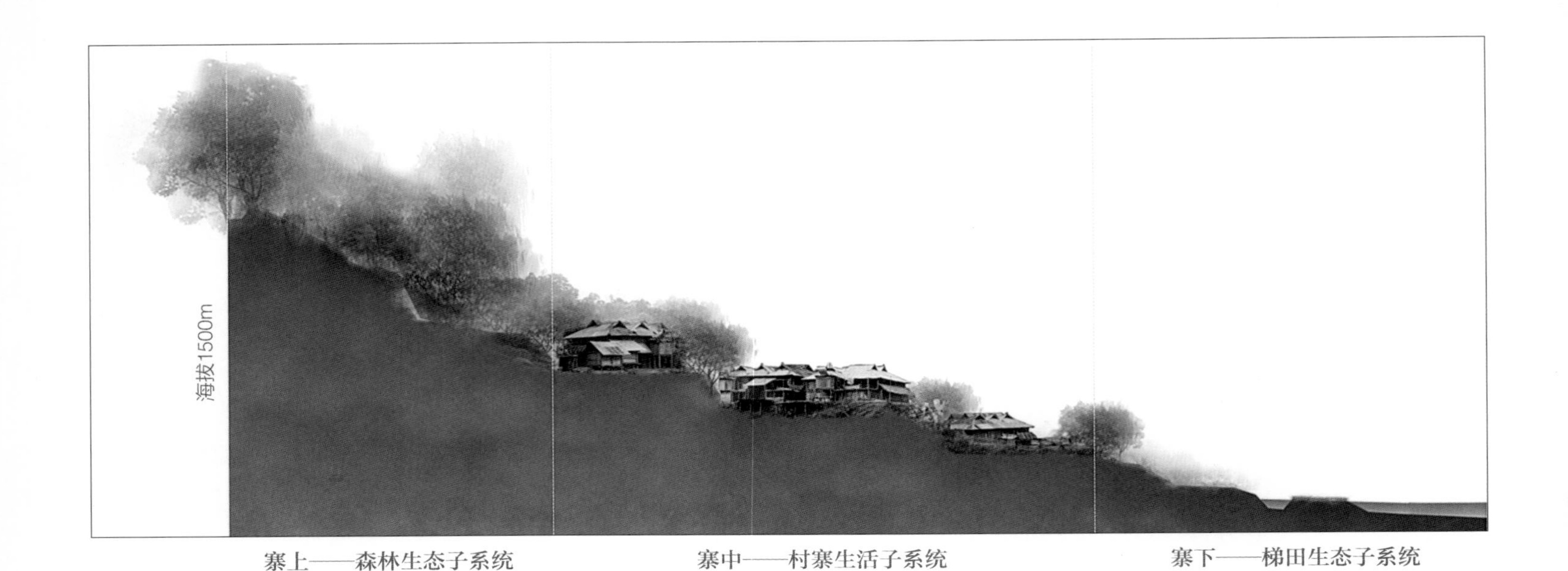

图4　曼冈寨山地聚落构成

2.2.2.1　寨上——森林生态子系统

具备涵养水源、稳固下方水土的森林生态子系统对曼冈村整个山地垂直循环人居环境系统尤为重要。这一系统保持良好的状态，是村寨、田地能够存在的前提。

森林于曼冈人而言，不仅是富于诗意的美丽风景，它涵养水土，贮藏着生存所必须的食材、建材、药材，同时森林里也有凶猛的野兽以及其他不可知、无章可循、变幻莫测的风险，约翰・布林克霍夫・杰克逊认为远古时代森林可以被分成几种，一种是"与神话和神灵有关的'崇高之林'；一种是日常之林或曰'民众之林'[18]"以及围绕在社区边缘的处于退化状态的林缘地带。信奉万物有灵的曼冈村民将村寨周边的森林划分成风景林、坟山林、水源林、薪材林等。除了薪材林，其余林地归属全村共有，不得随意采伐，村寨的生态环境得到很好的保护。

2.2.2.2　寨中——村寨生活子系统

由寨门、秋千场、院落住宅等部分组成的传统哈尼族村寨，是充分利用山地环境特征营造的宜居栖息场所。其总特征主要有以下三点：

首先，约定俗成的建寨规定，控制了村寨扩张建设规模，保证了其对自然生态系统的扰动保持在一定的限度内。一般而言，以父系血缘家族为核心组建的传统哈尼聚落，经过10～15代的繁衍扩张，就会另择新址、建设新寨，形成一个新的村寨聚落系统。

其次，聚落的宅院布局没有固定的朝向。依山而建，每栋宅院布置在对山地进行局部修整形成的小台地之上，原有的山形地势得以较好的保留。

第三，宅院布置的禁忌保证了彼此的间距，宅间空地栽植果木，开辟菜圃，住宅掩映在林木之间，拥有良好的微气候，也加强了物质生产和废料消化。

2.2.2.3　寨下——田地生产子系统

与云南其他地区大多数哈尼族村寨大面积梯田不同，曼冈村所在山体较陡，林地繁茂，村寨规模较小。村寨附近较平缓的山凹坡地有少量梯田，村寨周边田地以种植茶叶等经济作物为主，顺着自然山地起伏，对山体地貌影响较小。在山下坝子上曼冈还有一些水稻田，这些水稻田远离村寨，对村寨生态环境影响很小（图5）。

图5　曼冈寨农田

图6　曼冈村“山—林—寨”景观格局

2.3 曼冈村经济植物利用与分布

曼冈村的聚居形态与方式显现了居民生活与自然环境紧密的依存关系。曼冈村四周群山环绕、林木葱郁。村落房屋密布在河流沿线，树林密密匝匝地覆盖着山顶和山脊广阔的地带，村寨与周边山林之间分界明显，有着截然不同的景观，形成了山环抱着村寨，林木覆盖着山峦的基本景观格局（图6）。

这种“山—林—寨”的基本景观格局为聚落中居民的生活、生产提供了基本保障。建造房屋所需的木料、取暖烧饭所需的薪材、民族服饰上的装饰物和染料、医疗疾病的药材都取自周围的自然植被。

曼冈村的自然经济植物依据用途的不同，可分为建房木材、薪柴木材、藤编竹藤、棺木木材、药用植物、食用植物、园林观赏植物等几种[19]。

2.3.1 建房

曼冈哈尼族的民居主要由木材建造而成，一栋房屋的使用年限大约20年，盖一栋普通住宅，大约需要10m^{3}木材。这些木材均取自于周边的山林，主要为杉木。为了保护自然环境避免过度砍伐，村寨严格地执行着限额采伐的政策，每人每年可申请采伐建房用木材3m^3。随着林木数量的减少与采伐的限制，村民改变了传统的习惯，开始利用部分旧有的木材（图7）。

图7　曼冈寨旧木材造房

2.3.2　薪柴

哈尼族一直沿用火塘取火烧饭的习俗，薪柴是曼冈日常生活中必不可少的能源材料。每年雨季过后，林业部门会组织村民统一进山林采伐木材，采伐期为7天，每户采伐量限额3000kg。目前，部分居民开始使用煤气炉罐、电炉等设备做饭烧菜，但仍保留火塘。

2.3.3　藤编

曼冈村周围盛产竹类和藤条，哈尼族人自古便有用藤编织生活用品的习惯，他们根据藤的不同特点，编制篮、篓、筐、箱、桌、凳及其他生活用具（图8）。

2.3.4　棺木

曼冈村长者去世后采取土葬，至今保留“一个人一棵树”的传统习俗。居民去世时，可在山林中选择一整棵树制作棺木，做完棺木后剩下的木材不允许再做他用。德高望重的长辈选择一棵形态比较好的大树做棺木。

2.3.5　药用植物

千百年来，在与疾病、伤痛的抗争过程中，哈尼人经过漫长的实践，积累了丰富的草药知识，摸索出一套治病、疗伤的方法，形成了自己独特的民族医药学。哈尼族中传统草医具有丰富的医疗经验，对于一些当地常见的疾病，有着奇特的治疗方法。这些神

图8　曼冈寨藤编器具

奇的医疗方法和药材均是依托周围山林中丰富的自然植物资源。在曼冈村调研中，我们结识了一位草医，被当地居民尊称为神医，他熟知山中各种草本植物的形态、生长环境和药用疗效，哈尼族经常使用如草本全株入药的金盏银台（*AsclepiasCurassaviaca*）、园叶节节草（*Rotalarotundifolia*）、毛叶算盘子（*Glochidionhisutum*）、牛尾巴蒿（*Plectranthusternifolius*）、亚洛轻（*Cipadessacinerascens*）、肾炎草（*Ainsliaeaspicata* var. *obovata*）、火炭母（*Polygonumchinese*）等；乔木、灌木的根块入药的如小红人（*Polygonumchinensis* L. Var. hispidum）、山苏木（*Osyriswightianna*）、老金丹（*Polygonumcuspidatum*）、红岩七（*Bergeniapurpurascens*）；藤茎入药的则有定心藤（*Mappianthhusiodioides*）[20]。日常使用的常见药用植物有40多种（图9）。

2.3.6　食用植物

哈尼民族有着食用野生蔬菜的传统，以草本和低矮灌木为主，少部分为藤本及竹笋类[22]。具体主要有水蕨菜、芭蕉心、芭蕉花、苦凉菜、水香菜、苤菜、南瓜藤、芋头等，种类繁多。除了周围山林提供的丰富天然食材之外，住宅旁侧的菜圃地为居民提供着日常所需的蔬菜瓜果[23]（表2）。

2.4
曼冈村植物景观格局

哈尼族择山而居的传统，形成了“农田—村寨—山林”的景观格局。植物景观在此空间各个序列有所不同。

2.4.1　农田

曼冈村山下坝子里的农田种植以

图9　曼冈常用药材：毛叶算盘子、肾炎草、山苏木（从上至下从左至右）[21]

表2 曼冈村寨中的食用食物

序号	名称	拉丁名	科	属
1	杨梅	*Myrica rubra*	杨梅科	杨属
2	茶树	*Camellia snensrs*	山茶科	山茶属
3	丝瓜	*Luffa cylindrica*	葫芦科	丝瓜属
4	南瓜	*Cucurbita moschata*	葫芦科	南瓜属
5	黄瓜	*Cucumis sativus*	葫芦科	黄瓜属
6	李子树	*Prunus salicina*	普微科	李属
7	梨树	*Pyrus*	普微科	梨属
8	酸木瓜	*Chaenomeles speciose*	普微科	木瓜属
9	酸角	*Tamarindus indica*	豆科	酸豆属
10	豆角	*Vigna unguiculate*	豆科	豇豆属
11	番石榴	*Psidium guajava*	桃金娘科	番石榴属
12	葡萄	*Vitis Vinifera*	葡萄科	葡萄属
13	荔枝树	*Litchi chinensis*	无忠子科	荔枝属
14	刺五加	*Acanthopanax senticosus*	五加科	五加属
15	树番茄	*Cyphomandra betacea*	茄科	茄属
16	茄子	*Solanum melongena*	茄科	茄属
17	烟草	*Nicotiana tabacum*	茄科	烟草属
18	空心菜	*Ipomcea aquatic*	旋花科	牵牛花属
19	仙人草	*Mesona chinensis*	唇形科	凉粉草属
20	橄榄	*Canarium album*	木犀科	木犀榄属
21	玉米	*Zea mays*	禾本科	玉米属
22	甘蔗	*Saccharum officianrum*	禾本科	甘蔗属
23	姜	*Zingiber offrcinale*	姜科	姜属
24	射干	*Belamcanda chinensis*	鸢尾科	射干属
25	芋头	*Colocasia esculenta*	天南星科	芋属
26	欧白菜	*Solanum dulcamara*	茄科	茄属
27	鱼腥草	*Houttuuynia cordata*	三白草科	蕺菜属
28	芭蕉	*Musa basjoo*	芭蕉科	芭蕉属
29	宽叶韭	*Allium hookeri*	百合科	葱属

粮食类作物为主，茶叶、甘蔗、杉木等经济作物大都在村寨周边风景林、水源林、坟山林之外山地栽种，村寨中宅院间空地则栽种蔬菜果木[24]。

2.4.2 林地

曼冈村的林地由风景林、水源林、坟山林、薪材林、公益林等组成。

2.4.2.1 风景林

曼冈村抬头望见的环绕村寨的山林被村民成为“风景林”。风景林哈尼语称为“普仓”PUCHEI，可直译为“人居住的地方、森林”，其涵义即为“人间，人界”。从这个名称可以看出“风景林”的特别之处——它是山林的一部分，但它同时属于村寨，是人类居所的一部分。风景林中的林木不得随意采伐，林中的优势树种木荷不易燃烧，是很好的常绿天然防火树种，可以在一定程度上阻止传统刀耕火种时火源的威胁。风景林在视觉、生态、控制林火、民众心理几方面构建起村寨的保护带（图10）。

2.4.2.2 坟山林

坟山林是逝者安息的地方，一般处于村寨四面一山之隔的山谷中，在村寨中不可见。当长辈逝去，家人选择林中与其声望相称的大树作棺木，其余情况下坟山上的林木不得采伐。曼冈村坟山位于村寨的西南方向，林木茂盛，是村寨周围自然植被保护最好的地方之一。

图10　被风景林环绕的曼冈寨

两棵高耸的野板栗是曼冈村寨去往坟山林的标志。

2.4.2.3　水源林

穿村而过的南各河上游树林被视作水源林。林中溪水从布满石块的林下地面渗出，汇集两侧山林的溪水逐渐扩大形成南各河。水源林中的树木得到村民良好保护，维护了村寨的水土环境（图11）。

2.4.2.4　村寨（宅院聚集区）——林缘

村寨（宅院聚集区）与风景林之间存在一些过渡的林缘地带，这里的植被没有砍伐禁忌，居住于附近的宅院主人在此开辟田地，种植蔬菜、果木、喂养家禽（图12）。

图11　曼冈寨水土环境

图12　曼冈寨院落间穿插布置的菜圃

2.4.3 村寨

村寨中或人工种植或自然生长了众多植物（表3）。它们将村寨装点得如同花园。身处山林环抱之中的曼冈村寨，花卉点点，有如“世外花园”[25]（图13）。村寨植物景观构成详见4.2.2。

表3　曼冈寨中常用园林绿化植物

序号	名称	拉丁名	科	属
1	三角梅	*Bougainvillea spectabilis*	紫茉莉科	叶子花属
2	紫茉莉	*Mirabilis jalapa*	紫茉莉科	紫茉莉属
3	月季	*Rosa cv.s*	蔷薇科	蔷薇属
4	羊蹄甲	*Bauhinia purpurea*	豆科	羊蹄甲属
5	孔雀草	*Tagetes patula*	菊科	菊属
6	夜来香	*Telosma cordata*	萝藦科	夜来香属
7	散尾葵	*Chrysalidocarpus lutescens*	棕榈科	散尾葵属
8	凤仙花	*Impatiens balsamina*	凤仙花科	凤仙花属
9	美人蕉	*Canna indica*	美人蕉科	美人蕉属
10	一串红	*Salvia splendens*	唇形科	鼠尾草属

图13　曼冈寨庭院花园

第三章

曼冈村
社会历史文化
简述

3.1 西双版纳哈尼族历史、社会结构与原始宗教简述

3.1.1 西双版纳哈尼族历史

哈尼族起源于公元前3世纪，活动于大渡河以南的“和夷”部落，是我国55个少数民族之一，现有人口约125万人，主要聚居在云南省玉溪市、红河哈尼族彝族自治州、普洱市、西双版纳傣族自治州的红河、澜沧江沿岸和无量山、哀牢山地区[26]。据2010年进行的第六次全国人口普查，云南省哈尼族人口163万，位居全省少数民族第二，其中西双版纳州哈尼族人口为21543人[27]。

哈尼族的族源和早期的迁徙活动，在汉文史籍中少有记录，本民族也没有文字可供探究，因而考证难度较大。但凭借哈尼族地区广泛流传的口碑古籍以及散见于汉文史籍的零星记载，仍可窥见哈尼族的历史概貌。据《西双版纳哈尼族史略》中记述，哈尼族起源于古代羌族，其先民就是云南古代散居于云南省北部、东北部、西北部的羌族群。约公元前2世纪后，羌族出现了较大的分支，形成了“叟”（白族先民）和“昆明诸种”的古代居民。哈尼族祖先就是由其中“昆明诸种”中分化而来。公元3、4世纪，由于战争爆发导致了哈尼族祖先为求生存向南迁徙进入礼社江流域，直至公元9世纪，哈尼族出现了历史上第一次分支，一部向元江流域发展，另一部则向西进入哀牢山、无量山地域发展。公元960年，游耕于哀牢山、无量山地域的哈尼族由于与傣族先民的冲突，开始大规模向西南迁徙，进入澜沧江流域。其中一部分进入“勐泐王国”，成为目前散居于西双版纳州及其周边的哈尼族。

3.1.2 传统西双版纳哈尼族社会结构

20世纪50年代以前，哈尼族地区普遍进入封建社会，西双版纳、澜沧等地的哈尼族，受傣族封建领主的统治，本民族内仍保留较多的原始残余。

在傣族封建领主尚未确立对哈尼族地区统治之前，当地哈尼族内部已有一套完整的社会组织，每个村寨一般由三个以上不同姓氏的父系家族组成，每个家族有族长来协调家族事务。家族的男性成员都会背诵自己靠父子连名延续下来的家谱，通过家谱来确认家族成员之间的亲疏关系。每个自然村都有一个寨首，称作“追玛”，汉族称其为“龙巴头”，可能源于农村公社时期的村领袖、氏族贵族或者祭司，其职务是世袭的，在全村中享有很较高的威望。整个村寨的事物由追玛协调管理，组织村寨的公共事务、祭祀，按照村寨的习惯法处理内部纠纷和冲突。追玛的职责带有早期政教合一的性质。（郑宇认为元阳、红河地区哈尼族在公元6世纪初建立了具有政教合一特征的鬼主制度。元以后摩批和咪谷身上的政治权力逐渐被剥夺。而西双版纳地区的追玛在50年代以前还保留了较多的权力）[28]。

在傣族领主统治时期，傣族“召片领”既是政治上的最高统领者，也是土地的最大所有者。召片领把山区的哈尼族、布朗族等民族所在地区划分为“卡西双火圈”，意思为“十二个奴隶的区域”，并将本族中有威望的头人加封为“总把”统领。每个火圈内包含多个自然村，各村中又设“先”“鲊”等头人作为基层领导者。一般小型村寨设“先”，中等村寨设“鲊”，几个村寨和大寨设“叭”。除此之外，还设有“掌灯”，专管赋税捐款、对外联系、传递公文，成为傣族封建领主在哈尼族地区的代理人。民国时期，同时推行保甲制度，对于各区域哈尼族头人“总叭”给予更多礼仪上的优待，加强对村寨的管理[29]。

3.1.3 西双版纳哈尼族原始宗教

3.1.3.1 宗教理念

西双版纳哈尼族的宗教还处于原始宗教阶段，没有建立完备的宗教体系，没有等级森严的神职人员系统和严格的神职人员行为规范，没有固定成熟的宗教活动场所。

传统哈尼族人崇奉祖先，信奉万物有灵，在他们看来人死犹生，灵魂永存。在哈尼族的认知中，山水草木皆有灵性，所谓万物有灵。这是从自然崇拜发展而来的原生型宗教形态。在生产力和认知水平较低的早期，人在与自然的关系中处于弱势，对自身、社会以及自然界中的一切不能做出科学解答，心生恐惧、敬畏，故产生了对具体自然事物崇拜。随着认知观念和思维能力的发展，世间万物皆有灵魂的观念自然而

生，形成了灵魂崇拜、祖先崇拜等原生宗教形态及与此相关的宗教禁忌[30]。哈尼族的宗教主要崇拜对象就是神、魂、鬼。在这一认识论下，他们企图通过经常性的祭祀，讨好取悦各种神灵，达到保护人、畜、粮的目的。可以说神、魂、鬼就是哈尼族原始宗教信仰的核心，后逐渐形成了各种神崇拜、魂崇拜和鬼崇拜的礼仪和文化。它们渗透在哈尼族人生活的点滴之中：建寨、造房、耕种、出行、婚丧等等。这些宗教礼仪和文化又有世俗领域和神圣领域（包括神、魂、鬼三个层次）的区别，但在多数情况下这两个领域又交织在一起，形成了一个错综复杂的庞大的宗教体系。

3.1.3.2　宗教神职人员

西双版纳哈尼族还没有形成等级清晰的神职人员体系，从事宗教祭祀活动的人员没有自上而下的从属关系，所从事的宗教活动内容界定不严格，彼此之间有部分重合。神职人员不完全依靠宗教活动生活，还必须从事日常的生产劳动。

《西双版纳爱尼村寨文化》中记叙，在西双版纳哈尼族村寨中有资格主持宗教祭祀活动的神职人员包括贝玛（Byul'maoq）、尼帕（Niilpaq）、追玛和舅舅[31]。其中追玛和舅舅并非完全意义上的神职人员，他们的存在代表了宗教中家族和社会宗族因素的影响力量。由于西双版纳哈尼人的宗教属于口耳相传的原始宗教，也由于乡村的封闭性，各村寨的宗教神职人员的类型也有差异。

（1）贝玛

贝玛是哈尼族中专门从事教义、教典传播以及主持相关宗教活动的人员。贝玛有大小之分，大贝玛叫批玛，小贝玛叫批然[32]。大小贝玛之间的差别，主要在于学识、经验、地位之间的差距。贝玛的宗教活动在人民群众中有着广泛的基础，涉及人们生活的各个方面，如祭天神、地神、寨神、婚嫁、开丧、占卜、驱鬼、叫魂、求子等，因而对人们的思想意识、社会生活、生产的发展有着重大的影响[33]。此外，多数贝玛都具有丰富的医学知识，可以行医治病。

（2）尼帕

尼帕是村寨之中的巫师（图14）。尼帕负责为病人寻找“灵魂去向”并通过与祖先取得联系询问病因，从而为贝玛的招魂祭祀活动提供原因和仪式种类。尼帕与贝玛之间也存在差别。尼帕多为女性，而贝玛则只能由男性出任。尼帕和贝玛虽然都可以主持宗教祭祀仪式或给病人看病，但贝玛是以主持宗教祭祀为主，尼帕则以看病为主。尼帕在看病治病的过程是在动态中进行的，有时甚至有剧烈的跳动和如同骑马奔腾的动作，这和贝玛在静态中的哼唱仪式恰恰相反。还有一点区别，尼帕在自家中为病人诊治，贝玛则是在接到看病邀请后亲自到病人家进行服务。

（3）追玛

追玛是一寨之主（图15），他不是严格意义上的宗教职业者，通常并不主持宗教祭祀仪式，但村寨中一些祭祀仪式的举行必须要求由追玛主持。如村寨要竖立龙巴门，就必须要求寨子的追玛出面，选择良辰吉日，亲自打洞立桩。正因如此，每个哈尼族村子都必须有自己的追玛[34]。

图14　尼帕

（4）舅舅

舅舅在哈尼族有着重要的地位，哈尼族有句俗语：庄稼靠天，雅尼（哈尼族人自称）靠舅。这种地位和作用是其他任何人代替不了的。跟追玛一样，舅舅也不是严格意义上的宗教的从业者，但却是很多宗教仪式的主持者和必要参与者，其主持的宗教仪式则仅限于本家族内，包括：祭新谷子地神、祭地神、祭地基神以及招魂[35]。这里的招魂与贝玛主持的招魂不同，特指召回被鬼神吓跑的灵魂或胆子。“对于父权或家庭的主体性而言，母舅代表一种制衡的、外来的干涉力量……在村寨的每一家庭中，表面上以父系家族为主体，而事实上处处潜在另一种制衡的、敌对的力量——这是经由外面嫁来的女子所带来的力量。”[36]

3.1.3.3　宗教设施

哈尼族的宗教设施包括龙巴门、坟山林、风景林、追玛井、秋千场等。为了村寨的繁荣与安宁，在上述各处每年要进行多次祭祀活动，这种原始的公祭活动，具有强烈的宗教色彩，在村寨成员中能产生很大的内聚力和向心力。

（1）寨门（龙巴门）

哈尼族的寨门被称为“龙巴门”，在通往每个哈尼族村寨的山路上，矗立着挂着树枝、草叶和神秘图案的木柱，木柱上绑扎着木梁作为门楣，这就是“龙巴门”（图16）。龙巴门通常由主门和小门组成，主门两边各有一个小门。门楣悬挂木制兵器和连环竹圈，以驱避鬼邪之物。侧门前立着一男一女两座木质裸体雕像,表示人口繁衍昌盛。寨门以内的居民，可以得到神的保护和同寨人的帮助，离开了村寨则会失去了安全和保佑。建寨后需要尽快建立寨门，叫魂仪式等许多村寨中的宗教从寨门处开始，许多习俗都与寨门相关：婚丧活动经过寨门要暂停，非正常死亡的村民遗体不能经过寨门等。

图15　荡秋千的曼冈寨追玛

图16　寨门

（2）坟山林

每个哈尼族村寨都根据自身规模大小不同有一至几个数量不等的坟山林。坟山林葬着族人的祖先和故去的亲人，也是举办葬礼的场所。坟山林属于永久性的禁地，除了举行葬礼外，其余时间均不允许村民自由出入。即使村里颇受尊重的草医采集草药都不允许进入，更不会允许村民砍伐其中的树木。

（3）风景林

由于哈尼人深信灵魂的存在，认为人和鬼各居其地，所以在建寨之初就先划定出人与鬼的边界，这个边界就是风景林。风景林“普仓”（Puchei）的哈尼语意为人居住的山林，意在护佑村寨的安宁（图17）。当地人认为生病是受到“不干净的东西”、鬼怪侵袭，而风景林可以阻止不吉之物的入侵，避免疾病和霉运。

（4）追玛井（龙巴井）

水源对于村寨来说至关重要。传统上，在建立新寨的同时，也要确定水井的位置。一个村寨通常会有不止一口水井，但挖的第一口水井，被称作追玛井。追玛井在村民的日常生活中扮演着重要角色，在叫魂、上新房等宗教、节庆活动中还需要到追玛井取水（图18）。

图18　村民在追玛井取水（说三）

（5）秋千场

荡秋千在哈尼族人看来有“荡去晦气，积累运气”的意义。哈尼族秋千节在一般在8月之前，持续4天。秋千场地选择也颇有讲究，建在地势较高、没有房屋的地方，很多情况下是建在村寨的边缘（图19）。西双版纳哈尼族的秋千场与元阳哈尼族磨秋场比较，构成相对简单，只设置秋千场地，没有祭祀房。它们设置的位置完全不同：版纳地区的秋千场布置在村寨上方，俯视村寨。而元阳地区磨秋场通常布置在村寨下方。

图17　风景林

图19　秋千场

图20　撩荒旱地（说三）

3.1.4　西双版纳哈尼族家庭结构

哈尼族不同支系的全体成员共同崇奉一个明确的父系始祖，一代代繁衍生息，父子联名制是识别世系延续的形式。哈尼族家庭是一夫一妻制。在一个哈尼族家庭中，爷爷被称为“阿波”，父亲被称为“阿达”或“阿把”，母亲被称为“阿玛”，儿子被称为“然永”，女儿被称为“迷然”。父亲是一家之主，掌管家中大小事务。家庭财产继承权一般由男性继承，如果一个家庭子女众多，不论长子还是幼子，都可以和父母分家，各立门户。哈尼族仍保持大家庭的特点，已婚兄弟多半居住在同一家庭，已婚子女住房在家庭大房周围。如果长子成家后立即搬出另立新房，离开父母单独成户，祖业的大房则由最小儿子继承，但赡养父母的责任由大家分担，老人去世由大家送葬。

3.2
西双版纳哈尼族生产方式

人类的生存与发展与自然环境息息相关，在漫长的发展历程中，人类逐渐掌握适应于当地自然气候水土的生产方式。哈尼族同样如此，在由北向南逐渐迁徙到滇南哀牢山区过程中，哈尼族人逐步由游牧生产方式转为游耕生产方式，到达云南高原坝子后不断地完善自己的稻作文化。到达红河地区的哈尼族逐步发展出完善的梯田生产模式，进入西双版纳地区的哈尼族先民一方面由于这里地处热带北边缘区，自然条件良好；另一方面也由于地缘政治等原因，土壤肥沃利于耕种的平坝地区均由土著民族占据，哈尼族先民只能退守到人烟稀少、森林密布的无量山和哀牢山等高山的半山区居住，他们为了生存，努力适应并改变自然环境，哈尼族采取“刀耕火种”轮歇游耕的原始简单农业再生产的方式，从此过着山地游耕的生活：先放火烧地，后试种旱地作物，有的地区在土熟后，再垒土筑埂造梯田，同时挖水沟建造供水系统[37]。有的地区至今保留着刀耕火种的传统，一般的耕种模式是：在旱季中期经营燎荒旱地，1月时砍伐森林，2、3月时放火烧掉砍伐的树木，等雨季来临后于4月播种。作物以栽培旱稻为主，也在撩荒旱地上种植包谷、高粱等杂谷，大豆等豆类和瓜、蔬菜类。从9月末到10月上旬是收获庄家的季节，收获后的撩荒旱地要再耕作一、两年后才丢弃（图20）[38]。

3.3 曼冈村历史与社会结构变迁

3.3.1 曼冈村历史变迁

100年前曼冈村民的前辈由勐遮西定迁来。当时勐遮地区发生动乱，有八户人家（biega）搬到距离当前村寨约1个多小时路程的山腰上的老寨。随着人口的增加，水源不足，在1967—1969年间，曼冈村村民选择南各河南岸建立了今天的新寨。新寨的居住环境较好，村民们可以利用水库中的水来办碾米厂。同时村民认为这一带风气好，是风水宝地，外村的女孩愿意嫁过来。建村之初共有35户人家搬迁到此，主要分为五个家族。建村之初正处于文革期间，哈尼村寨的大多数传统习俗被抛弃，新村寨的选址由村寨中德高望重的老人和积极上进的年轻人共同确定。第一个迁入新寨的也不是传统习俗中的追玛，而是当时积极上进的年轻人单说[39]。

3.3.2 曼冈村社会组织分析

如前所述，追玛在传统村落中扮演村寨首领的角色。随着时代的发展，在村寨生活中的作用逐渐减弱。追玛是世袭制，追玛的家族成员必须世代身份清白，整个家族没有生育过残疾人及双胞胎，家族成员没有非正常死亡者。

我们调查时正赶上西双版纳哈尼族重要的节日：秋千节（耶苦扎节），节日一般安排在每年7、8月份的牛日，具体时间由村委会协调。秋千场布置在村寨边缘地势较高的地点。

节日上午我们跟随搭秋千节的村民一起拆除旧秋千，进山林寻找合适的木头做新秋千，拆除秋千的第一刀由追玛砍下。搭建秋千的第一根木头由追玛立下，之后以香特老人为首组织搭建。秋千搭好以后由追玛第一个荡秋千。

访谈中现在的村民都表示不愿意做追玛，一种较为普遍的看法是做了追玛家里会穷：“追玛穷，寨子富；追玛富，寨子穷。”曼冈村的村民为了追玛继续留任，特别为他家盖了新房作为交换条件。由于现在的追玛比较年轻，村里的很多事情他并不是很清楚，也不太关注，平时基本在家呆着，不做什么事，抽抽水烟，偶尔编一些凳子、桌子，之前家里的经济状况一直很差，这两年由于两个儿子成了主要劳动力，收入有所提高。虽然追玛在村里并不是德高望重者，村里人并没有给予太多尊重，但是村里的老人说没有追玛就不能建一个寨子。追玛该做的事情少了，但有一些必须还得做，比如每家上新房时的猪肉，追玛必须第一个吃。现在的追玛自己认为现在没什么压力，别人都很尊重他。村里面的人有时会找他商量一些事情，比如说双胞胎、鸡瘟猪瘟等，一般都是村里老人拿着烟和酒来找他商量。

现在曼冈村的事务基本上由村委会负责，村委会的成员也是寨子中比较有能力的年轻人，对于村寨的情况以及未来发展都有一个比较清晰的认识，负责处理几乎一切事务。遇到一些传统上的事情，村组长会找老人商量，老人们再去找追玛。村委会成员主要有书记、主任、护林员、兽医、文书、村医、妇女主任（协管员）、自然协管员等（图21）。

图21　村委会

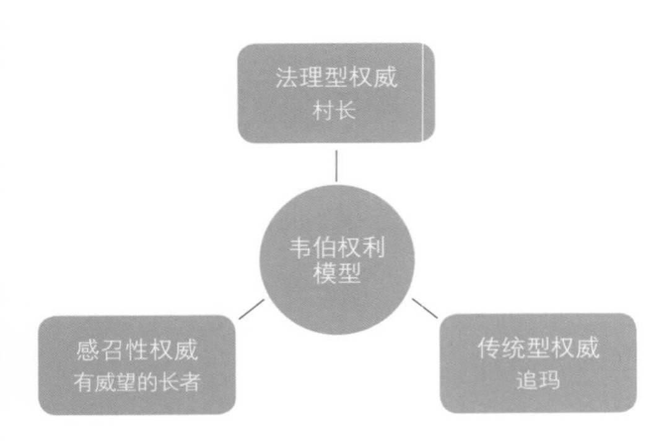

图22　曼冈村权威模型

行政村村委会设置在南侧山坡之上一栋白色平屋顶建筑中，平时处于闲置状态。曼冈村村长在村中的公共事务中的影响增加，他家的制茶厂厂房与村卫生所布置在村寨入口，房前空地成为接待村外领导与访客的重要场所。

曼冈村的铁匠在以前是比较有身份和地位的人，为村寨里的人干活不收费，但每家每年要给他家一个人工、粮食及金银，具体数量由当时的收成决定。并且打猎收获回的一根肋骨要给铁匠，腿给追玛。以前的村寨有两个铁匠，现已去世，铁匠有世袭的，也有半路出家的。今天铁匠的地位与普通村民没有差异。

在村寨日常管理中有三种不可或缺的人物：追玛、有威望的长者以及村长。当代的政治制度下村长权力最大，负责的事情也最多。乡村日常管理中，曼冈村委会拥有较高的权威，但涉及与传统习俗相关的公共事务时需要与村里一些有威望的老人协商（从后文记录的秋千架位置的争议也可以看出这一现象），追玛则在更大程度上是一个象征性的身份存在。这三种人物可以对应韦伯所讲的三种权威类型，村长就是法理型权威的代表，有威望的老人是感召型权威的代表，而追玛则是传统型权威的一个缩影，三种权威类型同时存在，在国家政治制度的大背景下相互协调、补充（图22）[40]。

3.3.3　曼冈村家庭关系

家庭观念在传统的曼冈村哈尼族人心中居于重要地位，血缘关系在生产和生活中都发挥着重要的组织作用，是哈尼村寨凝聚力的核心。曼冈村主要由五个姓氏家族（1968年时，五大姓氏主要为Gahui张，Mulai马，Mobo马，Meiga李，Ruihao刘，之后由于追玛无子而传位给继子，继子的姓氏Pubai也

图23　曼冈姓氏分布图
［其中粉色代表Gahui（张），浅蓝色代表Mobo（马），深蓝色代表Molai（马），黄色代表Ruihao（刘），绿色代表Biega（李），棕色代表Pubai］

因此进入本寨）组成，同姓家族内部五代内禁止通婚，因此传统中村民婚姻通常选择与同一支系不同家族，形成一定范围的婚姻圈。寨中几个姓氏互相嫁娶，构成一张复杂的亲属网络（图23）[41]。

从姓氏分布图，可以看到，曼冈村张姓和两个马姓家族规模较大。在村寨中部张姓、马姓的住宅与本姓氏的住宅相邻分布，其他规模较小的姓氏的住宅混杂布置其间。

传统的西双版纳哈尼人家庭属于父系家庭，实行“从夫居”的婚姻形式，采取“以‘父子联名’的方式把血亲集团联结起来，作为‘父权制’的基础”，从而形成一种稳定的、巩固的、具有权威的宗法制度。

家庭中通常三代同堂。子女未成年时按照性别和父母分住在两个房间中，十五岁以上的男孩搬到主房边上的为他建造的独立小房子居住，女孩则搬到同村寨的寡妇家居住，直至出嫁。在男性作为主要劳动力的父系家庭中，男性地位高于女性。待客时由男性家长陪客人，女性不可同桌。但家庭主要的财产则由女性保存。哈尼人有双胞胎、六指等禁忌，一旦生出这样的婴儿，婴儿被遗弃，夫妻会被视为不洁，驱逐出村寨。

访谈中部分村民认为没有再嫁且没有儿子的寡妇以及生了儿子又改嫁的女人（包括改嫁之后没有再生儿子的），是最没有的地位的；出嫁后又回来的女人，红白喜事不能参加。所有的女人都不可以上桌吃饭，死了丈夫并且有儿子的女人即使再年轻都不会改嫁，如果改嫁就会受人唾弃。

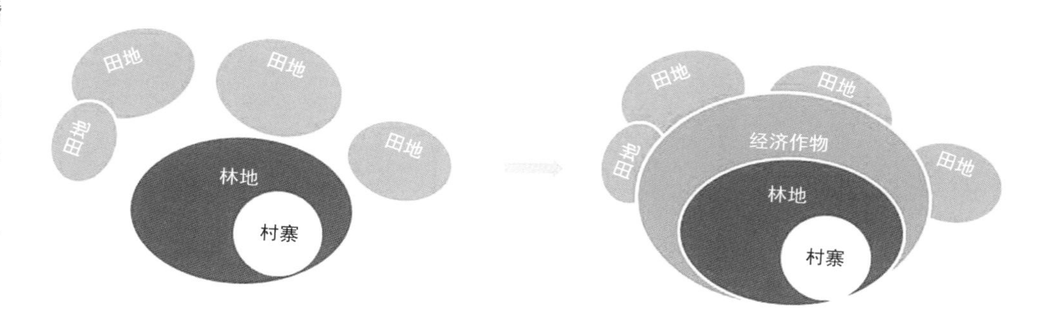

图24　哈尼村寨生活圈层演变

今天曼冈村的家庭中，子女的数量减少，每个家庭一到两个孩子。家庭中男女性别关系变得更为平等，住宅不再按照性别划分空间。

曼冈人认为个人的行为命运与家庭有着密切的联系，个体的言行会带给整个家庭及其成员有益或有害的影响，这种影响不仅体现在可见的物质利益或声誉名望等方面，也会在一些神秘的禁忌的方面体现出来。

3.3.4　曼冈村经济形态变化

传统的哈尼村寨多选择建在山腰的位置，采取刀耕火种的游耕、林间采集与狩猎相结合，高度自给自足的生产方式。村寨外侧没有围墙，通过宅院间的小路连接林间小路，方便村民进山砍柴、狩猎、采药。宅院中留出较为低洼靠近山谷河流的平地用做私家菜园。曼冈村直至20世纪80年代仍然部分保留了刀耕火种的生产方式。在山下坝子中有属于曼冈的农田，早年去山下主要靠步行，往返一般需要两小时左右，收获的粮食也主要靠黄牛驮运，较为不便。曼冈寨几乎每家都有晾晒茶叶的茶棚，茶叶收入成为家庭收入的重要组成。1983年后，在政府倡导下村民开始种植甘蔗，之后种植面积不断扩大，在经济收益上的份额已趋于超过茶叶。目前部分村民开始种植杉木。

村民种植的经济作物一部分在山下农田里，但绝大部分在村寨周边风景林以外的区域就近种植，比大部分农田离村寨更近。从宏观上看，哈尼人过去的生活环境可概括为由内至外“村寨－林地”两个圈层，外围再分布着零星不定的田地；而现在演变成了“村寨－林地－经济作物－固定田地”四个圈层（图24）。而随着人口的增加和经济作物生产的进一步发展，村寨用地和经济作物两个圈层的用地范围越来越大，风景林尽管由于传统意识的影响依然存在，但其范围则不可避免地不断缩小。

曼冈村通向山下勐混镇的砂石路于2007年由政府出资修建完成，此后村民普遍购买了拖拉机和摩托车，既作为耕作工具，也作为交通运输工具。随着与山下村镇的经济交往越发频繁，通往山下的道路成了曼冈村的经济命脉。由于通往山下的道路从寨中山谷低洼地段穿过，在山坡较高处建造的较老的宅

图25　曼冈村茶棚

院显得极不方便，部分年轻人开始把房屋建在地势较为平坦的地点，贴近道路盖房。交通方式与道路的变化使得以前村寨的边缘、地理位置不好的地方变成了村寨中交通最为方便的宝地，越来越多的村民认为将房屋建在路边是个较为不错的选择，而不再把上山砍柴方便与否作为选择房址时考虑的主要因素，因此，山谷低洼临路的平坦的菜地现在被宅院占据，而之前山坡上用于建房屋的地方，却成了菜园。过去建造宅院顺应地形的，将坡地修整成若干较小的台阶，作为宅基地，对自然地形地貌扰动较小。而新近建设的一些宅院则对地形进行较大切割，使其直接与道路处于同一高度，进出较为便利。但同时也在一定程度上增加了发生泥石流的风险。

现在的曼冈村越来越多的村民将售卖毛茶作为重要的经济来源，纷纷购置了小型的碾茶机，将茶叶简单加工之后卖给收购者。村委会曾有意组建村办的茶叶加工工厂，但由于更多的年轻劳动力选择了外出打工而未能实现。曼冈村的茶叶生产以留守妇女老人以及儿童为主，几乎每家都有碾茶机和晾晒茶叶的敞篷（图25）。宅院不仅满足居住功能，同时兼具生产、储藏功能。

3.3.5　曼冈村宗教（民间信仰）

传统哈尼族人认为世间万物都是有灵魂的，而神灵是天地万物灵魂的主宰者，现世生活中的幸运是得到神灵、祖先魂灵的佑护，灾害、疾病、粮食欠收、捕猎没有收获则被认为是由于自身行为不端引来了恶灵、鬼魂或是遭到神灵、祖先魂灵的报复。由此产生了各种神、魂、鬼的崇拜和祭祀活动。可以说神、魂、鬼就是哈尼族原始宗教信仰的核心，在此基础上逐渐形成了各种神崇拜、魂崇拜和鬼崇拜的礼仪和文化。

3.3.5.1　宗教（民间信仰）神职人员

宗教（民间信仰）神职人员在曼冈村民和神、鬼、魂之间架起了沟通联系的桥梁，通过他们的祈福或祭祀等仪式为村寨、村民避祸免灾，求得平安。

在调查中我们发现曼冈寨从事宗教活动的人员与前文所述西双版纳哈尼族的宗教神职人员不尽相同，没有贝玛，有追玛，巫师分为Nipa（尼帕）和Saise。追玛从事的主要是立寨门、搭秋千等全村公共性的活动，而Nipa和Saise则主要沟通魂灵和给人看病或祈福避灾。

Nipa和Saise的主要区别：跳舞时的舞步不同、帮人治病的方法不同、天赋不同。Nipa看病的能力由神授，自己生过病以后就可以给别人看病了，Saise则允许以师徒教授的形式来指导看病，并且有小规模的聚会活动（图26），她们都有独特的文字（图27）[42]。

（1）Nipa

Nipa治病并不仅限于本村的村民，其他村寨来看病的人也会一同治疗。去找Nipa看病的人需要准备米、姜、线（以上三种用布包起来），以及一个鸡蛋和白酒。看完病需要主动给钱，一两块就行，放在酒杯里。

Nipa看病的方式主要是通过感觉身体器官来念咒语。比如心脏等纠结在一起时，在疼的部位垫一块布，用烧红的铁块敲打，Nipa亲手拿烧红了的铁时不怕烫。看病的地点一定要在Nipa家的火塘边。Nipa给别人看病时不知道别人得的是什么病，但“灵魂”会告诉她怎么做。Nipa看病时将鸡蛋打碎，打碎后人们发现与平时见到的普通鸡蛋是不一

图26　村寨内的三位Saise聚会、唱歌

图27　Saise采用的独特文字

样的。Nipa结婚的衣服是全村人做的，平时生活用的钱也是大家给的，不与别的Nipa一起活动，别人家杀鸡杀牛时会请她过去跳舞。

（2）Saise

Saise只看用眼睛查不出的病，（医生看不了的病，比如说肚子莫名地疼痛，或者身体不知道什么部位难受），直到现在也有很多人找她看病。Saise中能看病的不多，曼冈只有两个。

Saise在“另一个世界”有师父（engzi）和师母（engza），师父师母住在像汉族的平屋顶房子里，房子上插着红旗，景色很美。她所描述的这栋建筑形象非常接近村委会的建筑。神住在屋子里，一个房子只有一两个人，但有好多个房子，师父师母也在这里住。巫师他们也走路，穿现代的服装。在访谈中不管是Nipa还是Saise均称自己是Nipa，而不是Saise。

- **Nipa Biekong**

85岁，15岁时发现自己会看病（灵魂教她看病，这个灵魂还是一男一女，女的戴头巾穿绿衣服），Nipa有一天干农活的时候，这一男一女出现，她跳着舞把两个人带回家），为此全村人去一个大石头面前杀牛祭祀，庆祝她获得Nipa的能力。21岁嫁到贺回，因为不能生育，在28岁时被娘家的五个兄弟用一匹马赎回曼冈。之后再嫁，家里五口人，丈夫50岁时去世，有两个女儿，一个儿子，名叫Qida，现与她一起生活，这个儿子是前妻生的（前妻曾经还有三个过世的儿子）。

采访时已经生病五天了，胃疼，Nipa病了是不能够自己调理的，只能打针吃药，找为戈（这里的神医）。自己家人生病时，如果Nipa身体健康就可以给人看病。年轻时经常出去给人看病，老了以后别人来找她看病，她没有师父，自学成才。

- **Nipa 铁二**

86岁，本寨人，村民科壹的奶奶，科壹的亲奶奶去世之后爷爷再娶的。70多岁时才发觉自己是Nipa。双腿能长时间抖动，会看病，但以前来看病的人就不多，现在基本没人来看病。

- **Nipa Heide**

她已经成为Nipa12年了，她说自己能看见自己的灵魂，但是没有见过神灵。她的先生三年前因为心脏病去世，在她成为Nipa之前，一直生病，之后找到了一个男Saise，是哈尼族人，现在在缅甸。在看病的过程中，告诉Heide，她其实是Saise，据了解Heide的父母也是，所以有种说法是这种东西是会遗传的。在她成为Nipa之后，生活与之前相比没有什么不同，身体好了，干活多了，但不会帮人看病，就像学校里面有好学生、坏学生一样，每个人擅长的东西都不一样。Midi出道更早，所以认Midi为妈妈，西寨的一个男Saise会经常来与她们一起活动，他们在身体不舒服时就会一起跳舞，但是羊日和虎日不活动。

P.S.能看病的Nipa不需要人带，不能看病的Nipa需要人带。

- **Nipa Midi**

访谈时75岁，从丫口村嫁过来，直到40岁左右开始看病的。经常外出给人看病，但那年身体一直不太好，所以就在寨子里面。第一次看病是为一个30多岁的肚子疼的本寨男人诊断为胃胀或者是岔气，最后被医治成功。最近一次看病是给人叫魂。Nipa能够准确说出当天的属相日（2010年7月21号是猴日）。曼冈村的现任Nipa带有两个徒弟，只教一些仪式性的东西，不教怎么看病，当她们身体感觉不舒服时，会一起又唱又跳，和神灵对话，祖先帮助他们看病。

尽管曼冈村里作为神职人员的Nipa和Saise都可以给人看病，但“文化大革命”时期不允许找Nipa看病，一般都找赤脚医生；村子里1958—1970年间还存在赤脚医生，中医、西医都有。现在村民生病了大多去卫生所治病。

村里曾经的赤脚医生让月从1958年开始去镇上的卫生所学习，每个月去一次，每次待两天，持续了20年；老师是卫生所的杨老师，主要教怎么打针，告诉学生什么样的病用什么药（西药），因为让月不识字，主要是看着老师做，自己理解着去学习。当赤脚医生时一边学习，一边回村子给人看病，每看一次，收五分钱，这些钱算作集体的，当时是合作医疗，让月本人主要负责看病，不干活，看病在合作社中也算工分，所挣的工分和农活差不多；没有固定的看病场所，主要是上门行诊，诊治的疾病有感冒、气管炎、头疼、肚子疼、伤寒、疟疾等常见病。

3.3.5.2　宗教仪式

每当村子里发生不好事情，比如双胞胎、畸形、非正常死亡等情况时，村里会举行祭祀活动。祭祀活动内容、方式、地点由村里老人商量后确定下来。但为了避免灾祸再进入村子，一些祭祀活动杀鸡留下的鸡毛，要扔在村寨外很远的地方。发生天灾人祸的时候需要就地祭祀。

（1）叫魂

叫魂仪式完整保存下来，现在村民仍然会根据需要进行叫魂。如果人去很远的地方、住院回来、发生车祸……都要进行叫魂，由外族的干净的男人（2~3个）负责，杀一只母鸡和一只公鸡，要选择脚上没毛，不缺脚趾的漂亮的鸡；有时也会杀猪。他们拿着鸡去寨子外边、寨门里边，拔三次鸡毛，从寨门走回来，将鸡杀掉。如果杀猪，将猪的四肢捆绑，抬到寨门，拔三次毛，再从寨门抬回来宰杀。

通常有三种东西要祭给鬼——煮熟的糯米饭、煮熟的去皮的鸡蛋、被叫人的贴身物。洒三下，一路叫他的大名，念念有词地回来。回到家后，鸡蛋是先男后女，主人先吃，其他人可吃可不吃，杀鸡，吃鸡，吃鸡时叫魂的人要围在饭桌周围，祭祀三下，所有人给被叫魂的人拴白线。在叫魂的人还没有回来之前，如果听到响声，被叫者就要假装吃一种由水、盐和糯米混合搅拌成的东西，然后将其放到火塘上熏肉的架子上，象征魂早就回来了。

给全家人叫魂：家里有人去世13天后，选定一个日子给全家人叫魂，程序与叫魂一样。

（2）鬼上身

需要找Nipa，具体要求按照Nipa的指示来进行，会叫两三个老人在竹筐内装好物品（由Nipa指定），带到寨门附近（在寨内），吃完回来，具体方位由Nipa说了算。

（3）祭拜祖先

以家庭为单位，时间没有限制，村寨里的年长老人会在场。到楼下吃饭，除张姓外，女的不可以去，杀鸡、鸭等，饭必须吃完，不许带上去，感谢祖先保佑家里平安。

（4）洗去晦气的活动

一个房屋内的祭祀活动，如生了六指、双胞胎等，所有本族（即同姓）的人都要来吃，在二层女主人的卧室里，杀两头猪、两只鸡，其中一只鸡献给掌事者。在院子里杀一头猪、一只狗和四只鸡，同时有三种必不可少的植物——seesawunai（红毛树尖）、mai（一种像姜的植物）、maiqie（一种草）。在内室吃完（主人家和掌事者吃）了要给主人家所有的人栓白线，外面杀的东西所有人都要吃。

P.S.按照传统所有的双胞胎孩子生下来就会被掐死。双胞胎被认为会影响夫家子子孙孙的婚姻大事，母亲会被赶出寨子。前些年，贺回村有一户人家生了双胞胎，房子被废弃，本村寨有一些年轻人去偷拿那个房屋的木材的时候经过了本村寨的主路，结果全寨因此而举行大型祭祀活动。

3.3.5.3　丧葬禁忌和仪式

曼冈村的丧葬活动有诸多禁忌和要求：

一个人如果没有儿子，去世时当天死当天埋；如果有儿子，当天死时不可葬。没有儿子的人的棺材用一根棍子抬，且脸上不能盖白布；有儿子的人的棺材用两根棍子抬，还要儿子亲自为去世的老人的脸上盖白布（哈尼族人亲手编织的）。

喜丧指的是有儿子的人（即使年龄较小）的正常死亡，第一天死者的遗体放置在家里，第二天放置在棺材内（哈尼族的人死后遗体不火化）。棺木树在老人去世前，其家人已经选择好，并通知本村人不许再砍那棵树。

P.S.桂花木是高贵的材料，被认为只能给男人用。

丧葬时如果上边有老人还在，就不能杀牛，只能杀猪。现在这种要求会有所松动。

非正常死亡的，以及身体上有痕迹的（喝农药的不算），出嫁后又回来的人都不能进祖坟。

出殡当天要带上煮熟的芭蕉、甘蔗、辣椒、鸡等（不能让它长出来，否则对寨子不好），以及日常生活用品等。

哈尼族无清明节，村寨里有人过世，举行丧葬活动时可以顺便祭祀故去的长者。

死者平常穿的旧衣服路上全部烧掉，烧不掉也要扔掉，扔东西的人不去

图28　哈尼族人染煮鸡蛋（说三）

坟山，直接回寨子，回到主人家洗洗手，才可以回自己家。哈尼族的传统服饰不能扔，身上至少穿三套，穿不下的放在棺材里，穿得越多代表儿女越有面子，哈尼族传统的帽子（必须有的，就算没有也要现做一个）则要放在坟头上，让它自然消失。

从上述这些要求可以反映出：①曼冈村民家庭之中男性子嗣对于家族传承的重要性，“在僾尼人心中逐渐演绎为一种以生子继宗为基础的‘完人’理想，进一步凝固在社会心理结构中，形成一种社会激励机制，勉励人们去完成‘完人’理想，并通过丧葬等级‘盖棺定论’个人的人生价值”。②家庭中的每个个体的行为都与整个家庭的命运、家庭中的其他成员以及他人对家庭的评价发生牵连。③家庭中健在老人对家庭的影响。

3.3.5.4　传统节日

据村寨老人所讲，当地的传统节日一共有12个，分别是：

彩蛋节（hongxia）：每年四月份猴日举办。节日里不杀猪宰牛，只

图29　芈月泉（说三）

煮鸡蛋。第一天，泡糯米，鸡鸣第一声时，舂米，做汤圆；鸡蛋家家户户都煮，把鸡蛋染成各种颜色（红绿）（图28），给串门的人吃，谁来都要给，这一节日持续两天。彩蛋节里哈尼人要修复清理“咀玛老洞”（龙巴井、追玛井），到“芈月老坑”（芈月泉）取圣水（图29），并用圣水煮涂染彩色的鸡蛋给小孩背。村里传说古哈尼人生活在四川盆地的“蜀”，并在蜀地建立了古蜀国。后为秦宣太后“芈月”统治时期所灭，秦在蜀推行秦国律法，并要蜀人一律按秦习俗着蓝服饰（一直延续至今），追崇芈月为“阿普芈月”（意为老祖宗芈月，哈尼人都认为所有习俗律法是“阿普芈月”所定下），哈尼人取饮用水的山泉也要叫“芈月泉”（视为芈月所赐）。宣太后芈月晚年，下令找寻长生不老药，她要求哈尼人给出公鸡所下的蛋，否则凡身高超过簸箕的哈尼男子都将被砍头（实为种族屠杀），后出现了一小孩，为保住父亲性命，跑到芈月跟前说“他父亲在家生孩子不能来领罪”，芈月质问到“男人怎会生孩子？”小孩反问“何来公鸡下的蛋？”于是哈尼人免于灭族。后人为纪念足智多谋、机灵勇敢的小孩，便以彩蛋节为小孩过节纪念之。后南迁的“蜀民”哈尼阿卡人以“蜀密噢”（意为蜀国来）开头，创下延用至今的独有的父子联名取名方法，形成了环环相扣，看似庞大又有紧密联系的家族谱。但共同祖先“蜀密噢”并非人名而是国名，是亡国逃亡的后人记住故国和缅怀故土的绝创。

图30　秋千场

Humi：彩蛋节后劳作两天，另外一个节日开始，这一节日同样持续两天，第一天不劳作，休息；第二天大家在追玛家跳传统的竹筒舞。

修缮房屋的节日（yongpeilao）：全村修缮茅草房（集体行为），修完之后，每家杀鸡，吃鸡，庆祝房子的新生。

播种的日子（qiekapeilao）：大约在五月初，这时人们会舂粑粑（年糕），男人去山上打猎（休闲活动），女人在家

图31　舂粑粑

绣花。第二天，一定要是追玛家的良辰吉日，追玛家播种；第三天，村寨里别的人家播种。

秋千节（耶苦扎）：7、8月份的牛日举行，一般在8月之前，持续四天。耶苦扎，扎是“吃”的意思，指过节。传说哈尼的一位祖先梅耶有一儿子叫耶苦，为了研究蝗虫灾害不幸死于牛日，哈尼人为了纪念他，所以有了节日耶苦扎，并杀牛纪念（牛日不杀牛，所以在耶苦扎的第二天杀牛）。架秋千要在地势高的地方（图30），打秋千的方式男女不一。第一天：拆旧秋千，搭新秋千，第一个荡秋千的是追玛；第二天至第四天：荡秋千，吃喝玩乐，杀牛宰猪、舂粑粑（图31）。以前秋千节，每户出一个人，分成好几个组，有砍树的、编藤条的等等。砍树时的讲究：四个组要去不同的地方砍树；树木要选择坚硬的，太薄的树不能要，红毛树（有些被雷打过，不吉利）不能要，biaoni（粘棺材盖时用的树木）也不能要。刚建秋千时追玛挖的第一个坑叫追玛坑，由追玛抬着树木的最下端，放进追玛坑，其它三棵树木填放的顺序现在不讲究了。秋千架好之后，由追玛拿着两种植物（dawo、a geng len qie），每种三根，放在秋千的脚蹬上，来回晃三下，意思是先为祖先荡秋千。之后追玛开始荡秋千，会唱的追玛可以唱。第二天杀牛（图32），以前有固定的杀牛场所，要把牛栓在树上，树不行的话，要换一棵。直到第五天早上，追玛要将秋千挂起来，之后不允许再荡秋千。

Wulala：秋千节后下一个的牛日（相隔12天）进行，持续两天，没有特别活动，休息，以家庭为单位杀鸡吃鸡。

Wujiji：吃鸡，纯休息，在wulala之后七天。祭拜家里祖先（每个节日活动都会这么做，祭拜的是男主人的祖先），哈尼族没有牌位，女主人的房间内通常都会有一个平台（gema），杀鸡后将做好的鸡肉摆放在平台上，转身后即可取下，然后家里人一起到外面吃。

Kayeye：赶鬼的日子，上一个节日一轮之内举行，持续两天。第一天全村休息；第二天把盐酸果树的枝做成刀的形状，用板蓝根涂上图案，摆在女主人房间火塘上方的储物柜（haoda）下面的一层（gema）上，这时在屋子外面有人鸣枪，赶鬼活动开始，人们将家里所有的盖子打开，发出赶鬼的叫声（wuwu），拿着那个刀，边叫边做动作，将鬼赶出，要赶到寨门外一棵树上，这棵树是随机的，但不能被砍掉。（村里老人对树的了解，恰似我们对城市道路的记忆，每棵树都有特定的称谓）。在过节当天，会在寨门上挂上竹子的编织物，作为标记，以告知外村人该寨正在进行赶鬼的活动，有着请勿入内的意思（该活动不允许外村人参加）；往寨门上挂东西是各寨之间互通信息的一种手段。

捉蝗虫的日子（nibongmianetei-gaoer）：九月份，一般在在没有收割之前，没有特殊要求时一般在猴日，持续两天。每块主要的田地象征地捉一只蝗虫，捉到后用芭蕉叶包起来，把木棍劈开，将芭蕉叶夹进去，将木棍插在寨门外的土地上。捉蝗虫的人，每家出一个。这个人这两天不能做针线活。

丰收的日子（woduowao）：也叫新米节（吃新饭），选追玛家的良辰吉日，比较热闹。第一天，追玛家拿新鲜谷穗回来，当晚杀鸡，吃新饭；第二天之后，在一轮内，其他各家选吉日，杀鸡吃新饭，男主人优先，互相串门吃饭。

嘎汤帕（gatangpa）：辞旧迎新的意思，在12月份左右的牛日，为期四天。

图32　秋千节分牛肉

第一天杀鸡祭祖先（以家庭为单位）；第三天宰牛祭祖先，一个寨子一头牛。村民将第一天和第三天看作两个节日。在这四天里有一些传统的娱乐游戏可供年轻人玩耍：女孩子弹巴豆；男孩子玩陀螺。

州政府认为传统节日过多劳民伤财，影响生产，将节日缩减到现在的两个——元旦节和秋千节。过节的具体事项也由村委会成员安排。

元旦节：1月1—4日，1987年后由州政府确定。第一天杀鸡杀猪，第二天也可杀牛（但第一天不杀牛，因传统的新年第一天是牛日），但不会祭祖先（文化大革命时期废除的）。在元旦节期间，寨子里的文艺队（10人）在篮球场上举行元旦晚会，在外上学的学生也可表演节目。人们会穿哈尼族传统服装跳传统的竹筒舞，老少皆宜，从公共场合跳到各家各户。

秋千节：除了不再祭祖先外，其余活动与传统秋千节一样。

另新米节也还有所保留，只不过现在不再是全村性质的，而是哪家出了比较大的事情（婚丧嫁娶都包括在内）的话才会过来年的新米节。

3.3.5.5　禁忌

在传统的哈尼族村寨，无论是建立新寨、新房，还是建立寨门、秋千场等，都有着一套极其复杂的禁忌体系。这些禁忌规范了村民的行为，减少村寨内部的矛盾，加强村寨的凝聚力。

村寨的主入口不能朝山，一般采用向东的做法，当地人认为采光多的地方财气也多；建立新寨时，首先要由追玛选址盖房，全村人帮助他盖好房，然后才是其他村民；寨子边缘的房子必须朝向寨子中心；新盖的房子不可以与原来房屋垂直，否则这两家可能就会有不好的事情发生，但是两栋房可平行或斜向布置。

在祭祀活动中，整村停止劳作；用鸡祭祀；追玛和懂风俗的老人会去，但追玛不起领导作用，人们认为死亡之界有更大的领导者，其它村民则留在家里，不耕作。

村民比较惧怕年份较大的树，即使政府批准采伐也没有人敢去砍。据村民称以前布朗族砍了一棵大树，死了好多人。很久以前人们都相信树是会讲话的，村外一棵最大的红毛树已经被雷劈了三次了，被雷劈过的树是不能作柴火的。

但是，在现今的曼冈村，一些传统的元素正在逐渐消失。比如以往村民是不能吃猫肉和蛇肉的，但现在吃猫肉和蛇肉的人越来越多了。而村民们，尤其是通晓传统知识的老人们，对此并不以为然，打说曾就这一问题这样回答我们“没有太多想法，日子越来越好了，没有什么可担心的”，反倒是村寨里有知识的年轻人对于传统的丧失表示很“心痛”，但由于常年在外工作，对于村寨传统，自身就不是很了解，更不用说去保护了。

第四章

曼冈村聚居方式研究

4.1
曼冈村空间构成

结合老人的描述、老寨的形态、周边其他村寨的情况及文献资料，可以尝试建立一个当地“标准”的传统聚落寨面貌（图33、34）。

下面将根据研究对象的尺度、构成关系从宏观、中观和微观视角去探讨聚落各要素的特征、关系以及建构聚落的方式。

图33　老人用烟头摆出老寨形态

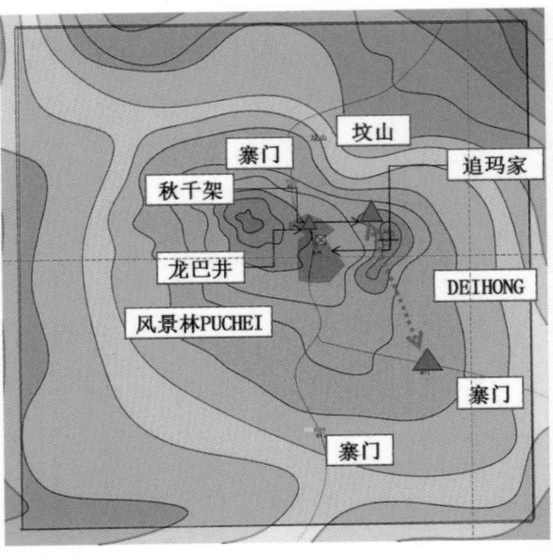

图34　复原老寨模式图

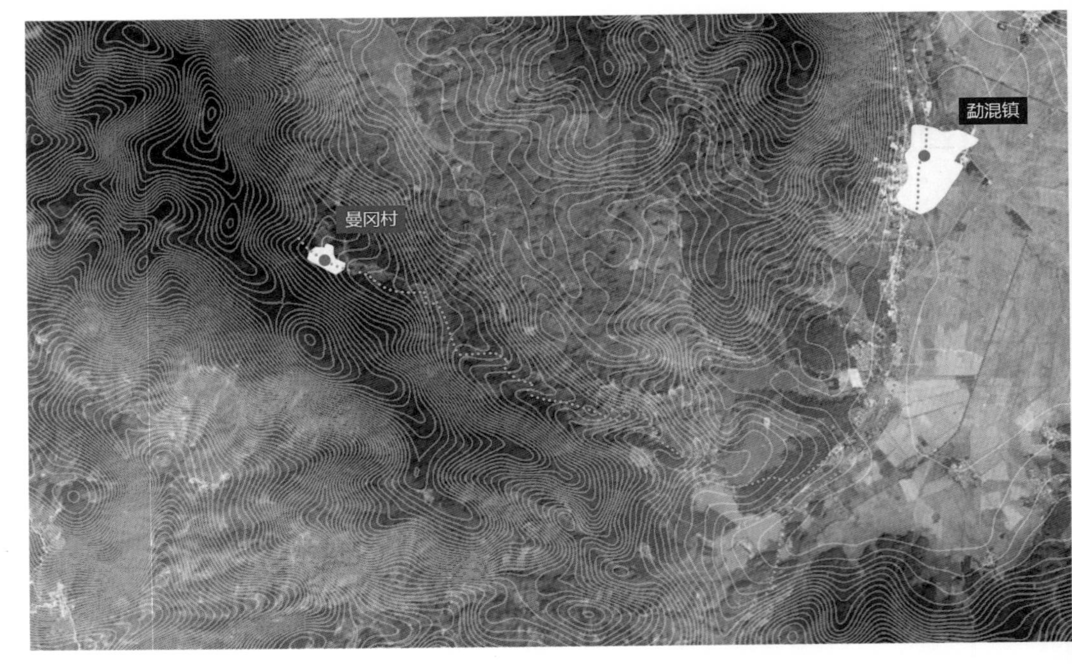

图35　宏观层次聚落

4.1.1　宏观视角

在宏观视角讨论，曼冈村被视为一个点，研究它与相邻的村寨乡镇的关系。

4.1.1.1　山—坝子—道路

曼冈村最外层空间主要在山下坝子上，覆盖到勐混镇和公路、农田。勐混镇是当地“行政中心”“商业中心”“医疗中心”“交通中心”。西定公路穿镇而过，穿过曼冈村向山下穿过乡村公路连接西定公路。曼冈村的部分农田分布在坝子上（图35）。

4.1.1.2　临近村寨

曼冈村属于勐混镇所属曼冈行政村下属八个自然村之一，是村委会驻地。贺回、曼冈、吉坐三个村子前后相连分布在同一个山谷中。

山间公路穿过曼冈将三个村子联系起来。曼冈是40年前从山上老寨迁下来在目前位置上的。吉坐、贺回在2000年后陆续迁至今天位置。

曼冈北部一座小山将贺回与曼冈分开。贺回约60户，属于“新农村建设”。村寨经过规划，对原有坡地进行了大规模修整，地貌被破坏。宅院如兵营般严格排成四排，非常生硬。曼冈相对较为开放，对传统的宗教、习俗没有太多忌讳，而贺回不仅较为完整地保留传统的习俗，而且在讲述传统习俗时也有较强的避讳，不愿深入谈论（图36）。

吉坐约60户，位于曼冈下方山谷中，两个寨子几乎连成一体，以南各河为界。吉坐宅院密集分布在进山公路下方山谷中，主要沿南面山坡布置。未经过规划，自由灵活，仅对地形进行较小修整，成多层台地状（图37）。

贺回、曼冈、丫口属于鸠为支系，吉坐属于吉坐支系。贺回、曼冈和丫口互相通婚，吉坐过去不与曼冈通婚。

图36　贺回

图37　吉坐

4.1.2 中观视角

整个村寨所属的宅院聚集区、山林、田地是中观层次的研究对象（图38）。

如同大多数中低海拔，坡度中等的山地村寨，曼冈寨宅院聚集区位于山体中一处沿小河伸展的山坳中，周围丛林环绕，附近的一些山坡被开垦为种植粮食或经济作物的田地（图39）。西双版纳哈尼族建寨选址遵循“村寨三面必依山包，而坐落于半山腰，一面必然据河，形成三面环山，一面临水的空间分布。”[43]

信奉万物有灵的曼冈村民，认为人鬼各居其界，在人的居所——宅院聚集区外围的村地被划分为护卫宅院聚集区的风景林（puchei）、亡人居住的坟山林和水源林。风景林分布在宅院聚集区内视线所及的外围山林，而坟山则在视界之外。这些林地被神圣化，其中的林木不得随意采伐。与红河哈尼族独立于宅院聚集区的斑块状神树林不同，曼冈村的风景林呈面状环绕在宅院聚集区周围。调研中没有发现曼冈寨在林地中进行定期的祭祀活动，这也与红河哈尼族不同。

曼冈村的宅院聚集区集中在山腰，区内除了住宅外还有秋千场、废弃学校、村民会等当代和传统公共设施、家庭小作坊、菜地、废弃的仓库。以其为中心，向外一圈是作物区、林地，最外圈是农田，它们构成农业经济圈。对曼冈村经济收益影响最大的是中圈的作物带（图40）。

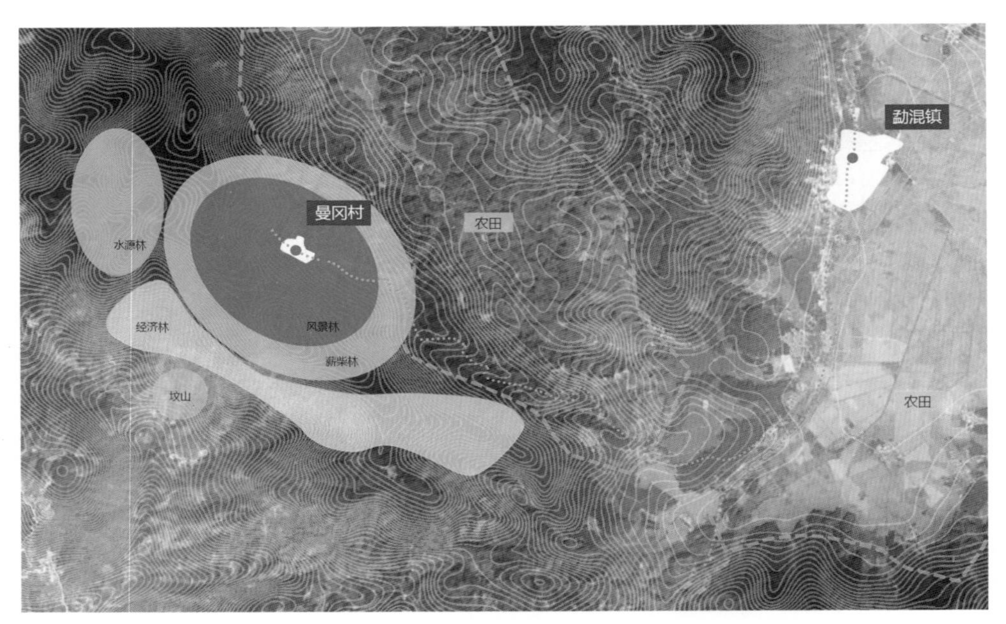

图38　曼冈村中观视角

图39　曼冈村周边山林

4.1.3 微观视角——宅院聚集区

宅院聚集区是由宅院、河道、菜园、寨门、边界、公共活动空间等构成，是村寨的主要生活空间。与其他哈尼族相似，宅院聚集区主要位于半山腰或上半山区，当地人认为，低海拔河谷坝子上，气候炎热潮湿，瘴疠横行；高山林地气候寒冷，四季多阴雨，时有猛兽出没，而半山腰既便于下山去坝子农耕，又易于上山砍柴狩猎。

从图41卫星图和图42总图上可以

图40　山下坝子农田

看出曼冈村的宅院聚集区大致呈现沿着山谷分布的线形形态，其所在山谷呈西北—东南走向，山谷两侧山体向山谷侵入，形成上下（南北）两块较大的山坳，大部分宅院沿着道路密集地分布在这两处山坳中。下方的山坳分布着下部宅院聚集区，这里是曼冈村从山上老寨迁下来后的最初居住地（图41，图42）。

村内公路依着山谷地形，从西北向下接上进村公路。聚集区沿着公路在山谷中呈带状伸展，在两处山坳处展开成团块状。

宅院聚集区位于山坳之中，宅院大部分分布在河南岸的山坡之上，宅院朝北。在下部山坳北面山体较陡；山体按照宅院的大小切削成较小的台地，在其上盖房屋。宅院聚集的山坡因此呈现为几层人工台地。这样的做法相对于贺回大面积修整山地的方式对于水土保持、减少对环境的破坏更为有利。

4.2 曼冈村空间结构

4.2.1　空间结构要素（图43）

聚落空间形态是显性的，观者通过

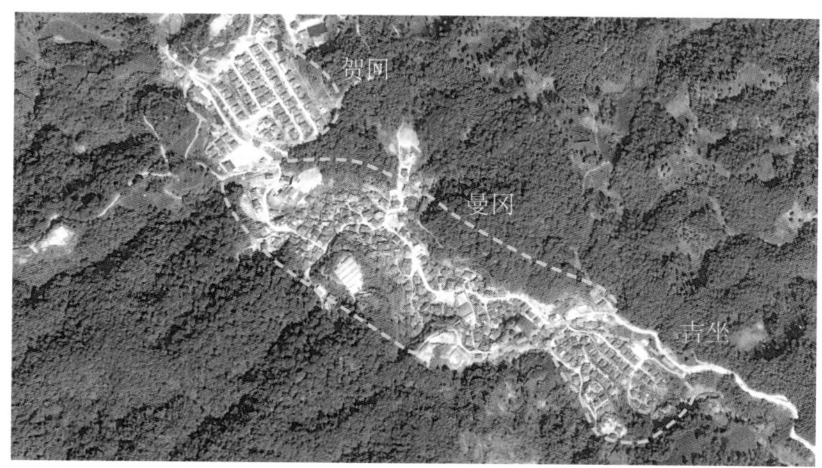

图41　曼冈村卫星图

图42　曼冈村总平面图

视觉等知觉方式可以直接感知、认识。聚落空间结构是空间构成要素的组织，它隐藏于形态之下，却更为根本，通过对其解读可以真正理解聚落社会组织、家庭结构、宗教信仰、历史文化、技术以及生态环境如何建构聚落空间。与此对应，空间结构要素是空间形态要素的抽象，通过分析结构要素的关系及其组织方式去研究空间结构。在这里我们将曼冈村的聚落结构要素分为：基质、边界、路径和控制性要素四个部分。

4.2.1.1　边界

空间由边界限定而成，边界的形态确定空间的形状，某些情况下会直接形成空间结构，例如单纯的圆形边界引发圆形空间的向心性结构。边界的密实或开放等性质以及它的构成方式，带来边界两侧空间关系的不同，也在一定程度上对人对于空间识别和认同的差异性。

曼冈村在宏观范围内：以行政区划为界。但在中观范围中，曼冈北部一座小山将贺回与曼冈分开。吉坐位于曼冈下方山谷中，两个寨子几乎连成一体，以南各河为界。

曼冈村没有围墙，村寨每年会组织村民在寨子周边的植物上做标记，在大树树杆上用刀砍出记号，在草地上则锄去一些留下印记，现在则多采用刷油漆的方式标定边界。村寨边界并不明显，在请村民绘制的意象地图中没有人能明确标示村寨边界。

村寨边界对于信仰万物有灵的哈尼族村民来说有着重要意义，在生产力不甚发达时代，周围的山林并非浪漫美好之处，而是鬼怪猛兽出没的地方。

访谈中老人提到过去有猛兽侵入寨中，捕食家畜。因此，村寨需要边界作为保护，然而这条边界却没有以围墙等实体方式出现，村民提出的解释是围墙会将故去的先祖与活着的村民隔离开。

由此也可以看出民间信仰中对祖先魂灵的关注甚至大于猛兽对日常生活的威胁。

历史上曼冈村在宅院聚集区中曾经以南各河为界，房屋不可跨河布置，今天村寨不受此限制，河两侧均有宅院分布，河流不再均有边界性质。（详见4.2.2.3）

边界虽然是“无形”的，但它又是真实存在的，一方面，从空间形态角度，宅院聚集区最外围的宅院与周边山林自然过渡，可以看到宅院聚集区与周边的自然山体之间或者是宅院与山林直接分离，或者通过菜园过渡。同时最外围的宅院朝向村寨之内，这种人工与自然两种不同界面的强烈的对比构造出形态上的“边界”。另一方面，保护村寨中人生活的区域不受鬼怪侵袭，划分鬼与人的不同领域的宗教意味的“边界”在西双版纳哈尼族村寨中是以“寨门”的形式建立的，寨门作为特殊的“边界”具有点状的特征，而非通常线状特征。

4.2.1.2　路径

路径是空间中的连接要素，通过路径物资、能量、信息等互相传递。道路是最常见的一种路径，也是对聚落空间影响较大的一种路径。

曼冈村道路为典型的山地鱼骨状道路系统，少量环形路，其他为尽端式道路。并主要分为三种类型：

（1）穿过曼冈村的主路宽约5米，水泥铺砌，2008年刚刚铺装完成。道路一端衔接下山公路，一端通向贺回寨。

（2）从主路分出的道路呈环状绕经各个宅院。道路宽窄不一，除满足步行外，拖拉机和摩托勉强可以通过。目前寨中各户均有摩托和拖拉机作为交通工具和生产工具，条件较好的拥有皮卡车。

（3）从宅院区还有一些小路通向山林、坟山，这些路从宅院区伸出，呈放射状。

村寨中的道路系统可以归结为：单一线性主路和环状支路串接两个宅院集群区，从宅院聚集区伸出若干放射状道路伸向周边山林[44]（图43、44、45）。这一道路系统成为整个村寨的骨架，支撑整个村寨的形态。从后文所附村民绘制的意象地图之中可以看到道路、尤其是主路在村民对村寨空间理解之中所起的支配性地位。

4.2.1.3　控制性因素

聚落空间中某些要素对聚落内部其它构成要素分布和组织起到控制作用，它们或是吸引其它要素沿着（围绕）其分布，或者形成一种排斥，迫使其它要素远离。它们或大或小，有的影响整个聚落空间结构，有的影响局部空间要素分布。引发乡土聚落空间结构变化的因素有的是物质性的实体，也有的是禁忌、乡约、民俗等非物质性因素。

（1）点状控制因素

村寨中的若干宗教设施，特殊人物的宅院由于其所具有的神圣性和带有的

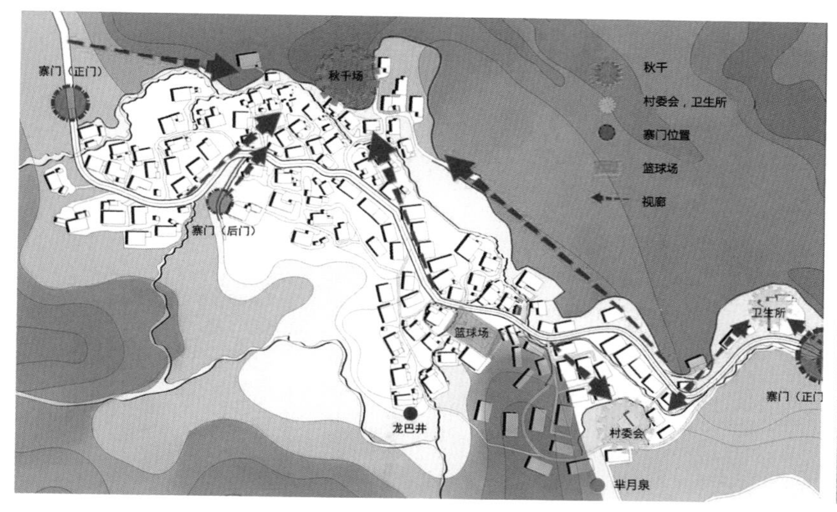

图43　空间结构要素分析图

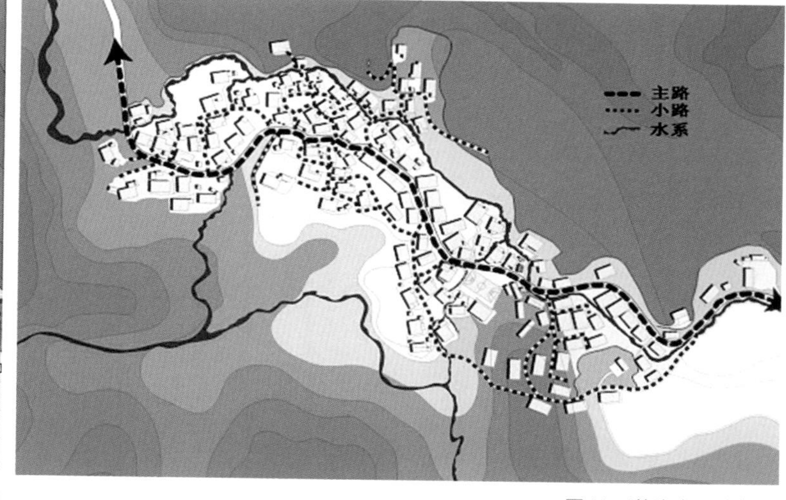

图44　道路水系分析图

若干的禁忌、要求，使得它们在村寨中的位置、布局常常有特殊要求，也可能会对宅院的分布、朝向、距离等造成影响。村寨中的其他公共设施由于其公共性，同样会引发周边宅院和其发生互动关系。相对于整个村寨来说这些设施、宅院体量较小，可以视为点状控制因素。

曼冈寨中有秋千场、龙巴井、寨门等宗教设施，球场、村委会、医疗站等公共设施，还包括追玛和Nipa等特殊人物。下面将分析这些特殊构成因素对于聚落空间结构的影响（图46）。

① 寨门

寨门，哈尼族称龙巴门。对于哈尼族寨门拥有重要的地位，它护佑着村寨，保护其不受外来鬼神的侵害。寨门一方面将“边界”隔离防御的特性由线状压缩成点状，另一方面它还具有“阀门”的特性，拥有控制进出的功能。因此通常哈尼族在村寨入口处会设置寨门，在每年由追玛进行祭祀仪式。

但是在曼冈村没有看见寨门，这与1967年迁至今天位置时所处的特殊历史时期有关。曼冈村除了穿村而过的主要道路外，还有一条明显的山路通向丫口村，一条通向坟山的道路，其他小路从村寨自由伸向周边山林。但是村寨的“寨门”仅有三处，第一处在从山下上来公路进入村寨前的转弯处，这里是曼冈与吉坐的分界点；第二处是公路穿过村寨后与贺回的分界处；第三处在山坡上通向丫口村的山路上。大部分村民知道前两处寨门位置，但对第三处寨门位置不是很清楚，甚至不知道它的存在。只有少数过去从丫口嫁过来的妇女知道（外村嫁过来的妇女在婚礼前进入寨门会举行相应仪式）。通向坟山的道路不能穿过寨门。第一处寨门的位置在改革开放后曾经建过寨门，后吉坐迁入侵占了那块土地，目前没有寨门，但村寨有重建寨门的意向。

曼冈寨没有实体的寨门，但在婚丧嫁娶等重大活动，以及叫魂等仪式时都会在寨门所在位置按照传统仪式要求进行相应活动。因此，它又是真实存在的。

② 秋千场

每年7、8月耶苦扎节（秋千节），是哈尼族一个非常重要的传统节日。在当天，村民们拆掉旧秋千搭建新秋千。秋千场地一般建在地势较高，且没有房屋的地方。因此，一般建在村寨的边缘，可以俯视村寨的高地之上。

曼冈寨刚从老寨搬下来时，秋千架是在现在学校所在地，当时那里无房屋，但由于位于村寨下方，与传统习俗不符，遭到村寨中老人的反对。后来那里建了学校，秋千架就搬到学校南部山坡之上（现追玛家附近），之后追玛家落建，加之村寨人口的增加，村寨向西北方向扩张，这个秋千场的位置已不适合，因此迁至上部聚集区北面山坡之上，在此地能够俯瞰几乎整个村寨，所以秋千场一直保留在这里，直至今日。

我们在调研的过程中得知，村干部开会希望明年将秋千架搬到现已废弃的学校旁的球场，他们认为山上位置比较偏僻，村民前往不太方便，外来者也不容易到达。对于这一说法，村寨里的老人们不同意，因为他们觉得不能随意更换秋千场地，更不能建在村寨的中心（图47）。

图45　多变的道路空间

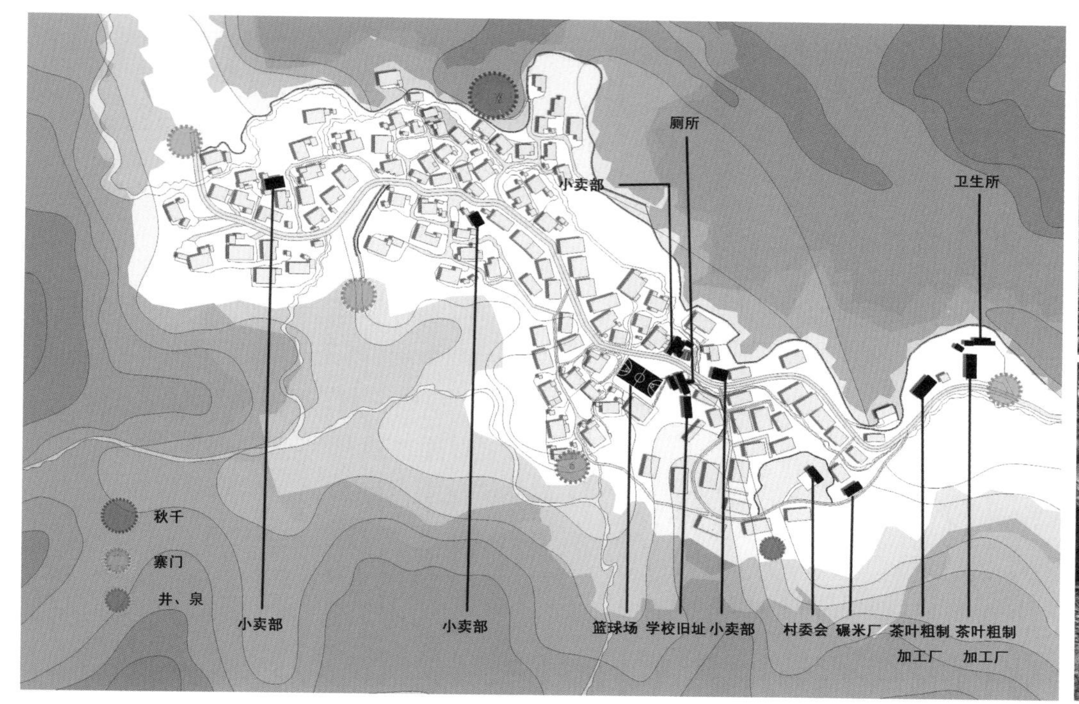

图46　公共空间分析图

图47　秋千场（下图为荡秋千的追玛）

③ 龙巴井（追玛井）

又称追玛井。龙巴井是村寨中打的第一口井，具有神圣意义，叫魂、建新房等许多宗教活动均要从中取水。龙巴井位于下方宅院聚集区一处山坡下方，井边没有特别处理，仅仅在出水口上用石板搭了一段水槽（图48）。现在通向水井的道路需要穿过一户宅院的菜地，井本身非常不起眼。井所处位置显得非常偏僻，但是这个聚集区是当年从老寨迁下来时主要的最早的聚集处，在过去算是较为便利之处。访谈中老人说道以前在老寨时每年（一般选在追玛的好日子）都要去龙巴井，杀鸡祭祀水井，搬迁新寨后便没有这种活动了。现在只是叫魂等仪式时才去取水。

④ 水井

水源对于村寨来说至关重要，传统上，在建立新寨的同时，也要确定水井的位置。

曼冈村中除了追玛井外，还有四口水井，水井一般选择在有地下水冒出来的地方，并不刻意选择在宅院附近，w。曼冈村的水井与家族没有直接联系，除了龙巴井外，其他水井只具有日常生活取水的功能，没有相应的祭祀活动。

1994年村里在水源林建设了蓄水池（图49），铺设了自来水管通向各家各户，水井因此逐渐废弃，现在只有追玛井维持原状，在一些祭祀活动中村民到此处取水。

⑤ 卫生所

位于从山下进村的公路口台地上，可以俯视吉坐村，绕过它所处的小山包才算正式进入曼冈。卫生所由两排垂直的平房构成，一排是卫生所，一排是厨房。卫生所的负责人是曼冈村的村主任的爱人，卫生所所在的场地不仅担负了给村民看病的基本职能，同时更是村寨对外接待中心和联络中心（图50）。

⑥ 村委会

曼冈村是曼冈行政村的所在地，村委会位于曼冈村下方宅院聚集区附近山头。它是一组围合成院子的白色平顶砖房，房顶插有旗子。除开会外，通常处

图48　龙巴井

图49　水源林蓄水池

图50　卫生所

于空置状态。秋千节时这里的院子成为曼冈村第一小组杀牛的场地。这个建筑位置较高，形式突出。平时这座建筑处于空置状态（图21）。

⑦ 学校篮球场

学校位于今天村寨中部，是一组红色粘土砖墙建筑。撤除乡村学校归并至乡镇后，学校建筑已经荒废。学校下方临着主路，有一块水泥铺装的篮球场，每天下午，这里是男孩们的运动场（图51）。这是整个村寨中唯一一块人工铺装的开阔平坦的场地，在周围自然山林和密集宅院对比下显得非常突出。在新年时这里是大家聚会跳舞的场地，秋千节时是寨中第二小组杀牛后分牛的场地，也是摆摊等公共活动的场地。按老人的说法，当年刚从老寨迁下山时，这里是秋千场所在地，只是这样违反了传统中秋千场地应该布置的地点，因此迁走。今年的村里干部开会又有动议，希望将秋千场迁至这里，可见这个位置便利的条件具有极大的吸引力。也正因为这里视野开阔，交通便利，因此这块场地与西双版纳哈尼村寨中拥有的“Deihong”（类似于公共活动场地）不同，这里不具备“Deihong”所拥有的私密功能，不能成为男女青年恋爱的场所。篮球场今天的位置虽然看起来具有中心性，这只是长期发展偶然形成的，其功能并不能承担起村寨中心的要求。

⑧ 特殊居民宅院

如前所述，追玛、尼帕在曼冈村里拥有特殊的地位，传统上追玛家的房子是村中由村民共同建造的第一栋建筑，但传统上在村寨中追玛、尼帕家庭与普通村民家庭在经济水平、政治等级差别不大，其他村民的宅院并不会围绕他们宅院进行建造，他们的宅院也不会与普通宅院在型制和体量上有太大差别。

（2）线性控制因素

在曼冈村里有两处线形因素对村寨空间结构有较大影响，一个是前文分析的主路，一个是南各河。

南各河蜿蜒曲折从谷底穿过，流向吉坐村。河道较窄，宽约五米，过去水中曾有鱼类，现在仅是排污渠，和泄洪渠。作为一个线性实体，南各河不仅在实际空间中影响聚落的形态变化，同时

图51　篮球场（下图为节日期间）

图52　南各河

在隐形的禁忌习俗方面也控制着聚落形态的发展（图52）。

河道对于宅院聚居区的发展造成较大影响。传统上宅院区不可以跨河布置，这样可以避免宅院相对布置[45]（图44）。随着宅院数量的增加，河西南岸用地不足，村民数次将河道向东北方向移动，以适应传统习俗。直至不久前，一户“无亲人家庭”[46]搬至河对岸居住，没有发生不良事件后，才有部分村民选择河对岸建筑房屋。

4.2.1.4　基质

基质是指在空间中数量众多，彼此差异较小的个体单元。在传统乡土聚落之中，宅院具有基质特征，它们在形态、体量上差别较小，是聚落宅院居住区构成的主体。

曼冈村单元体（宅院）没有形成组群，各自独立。村寨不是单一姓氏村寨，而是由5+1个姓氏（家族）组成[47]。西双版纳勐海县哈尼族鸠为支“称村落为‘铺’。一个‘铺’最少有三个‘帕’，最好是七个‘帕’。因为结婚、丧葬必须有三个‘帕’……婚丧以及一些宗教活动首先需要外族帮助”[48]。家族内部五代内禁止通婚，几个姓氏互相嫁娶，构成一张复杂的亲属网络。每个姓氏（家族）的没有采取聚族而居的方式，而是互相混杂方式，显示宅院分布与居民亲缘关系没有关联性。各家族内部关系并不密切，只有在婚丧嫁娶或重要的祭祀活动中，才能展现出“村寨—家族—家庭”的基本结构（图23）。

由于地处亚热带与热带交接地区，当地气候潮湿炎热，建筑强调遮阳通风，因此建筑物覆盖在厚重的坡屋顶下，底层架空，二层悬挑畅廊，建筑对于朝向没有明确的要求。宅院的主体建筑平面一般呈矩形，带敞廊的面为正面，有的是长边也有的是短边。主人房垂直于背后山体。入口楼梯布置在角上，通过宅院前空地与道路相接，同时建筑依着山体摆放，背对山坡，因此宅院正面和侧面总有一面对着道路，道路成为“控制轴”。曼冈村的宅院布置没有明确的等级差别。单元体——宅院以彼此独立的方式布置在山坡台地上。村寨边缘的宅院必须朝向寨子内部。寨内的宅院布置朝向较为自由，新建的宅院如果与邻近的宅院正对、平行或垂直布置均被认为不是吉兆，因此，寨内宅院的建造总是与邻居留出一定的角度，形成极为灵活的外部空间形态。曼冈住宅通常对着敞廊开窗，其它外墙不设置窗户，同时敞廊又是白天使用频率最高的空间，它所在的面建筑成为对外交流的开放部分。从图上可以看出，住宅设有敞廊的面（粉色部分）会尽量避免相对，以减少彼此的干扰（图53）。

除了居住房屋外，宅院部分通常还有库房、晒茶篷、菜地。除了少数几家基本没有围墙。因此宅院部分互相挤压，形成丰富多变的村寨户外空间（图54，图55）。

4.2.2　曼冈村空间结构

通过对曼冈村的空间层级和空间结构要素的梳理可以看出，曼冈村空间结构属于内向式聚落，但聚落中没有明确中心。聚落中重要空间节点一部分分布在聚落边缘，一部分散布在聚落内部。地理环境对宅院聚集区形态影响较大，较开阔的地段多呈现团块形，狭窄的地段采取顺应等高线布置，多呈线形。

总体看来，聚落的宅院布局没有明显的绝对中心，但靠外侧边缘的宅院均朝向寨子内部，即呈现“无形”的内向凝聚力。寨内的宅院朝向较为自由，但在传统观念中，新建的宅院如果与邻近的宅院正对、平行或垂直布置均被认为

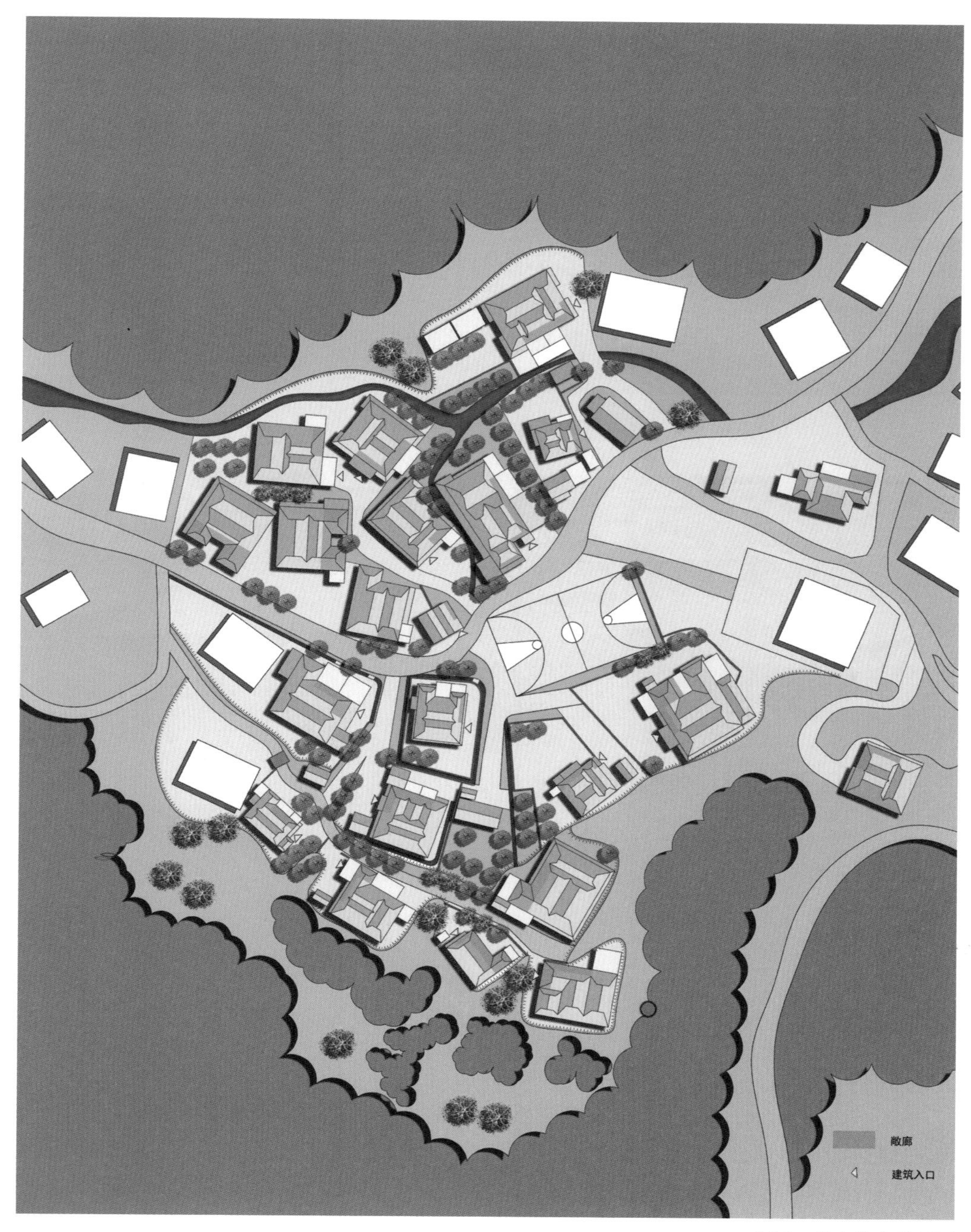

图53　住宅敞廊关系图

图54　宅院聚集区

图55　宅院聚集区与户外菜地

不是吉兆，因此，寨内宅院的建造总是与邻居留出一定的角度和间距。普通村寨中村寨成员政治地位基本相同，经济水平差距不大，因此，宅院在体量、形制上差异不大，彼此较为平等。

村寨内的宗教设施、场地为村寨公共活动和宗教活动提供场地，因其功能需求和禁忌多置于村寨边缘或外侧。同时这些设施的重要性并未达到需要通过中心来提升，且当地族群并不完全认可居中为尊，因此，村寨内的公共设施、宗教设施并未形成村寨的中心。

这是迁徙来的哈尼族先民的自身民族特征、文化信仰在长期历史发展过程中，与当地自然生态环境相适应，与汉、傣等其他民族冲突融合中逐步形成不同于其它哈尼族民系的聚落特征。由于特殊的建寨时代，许多带有文化、宗教特征的物质空间隐形，但文化并未消失，植根于民众心中。随着时代发展，生产生活方式改变，传统结构特征开始松动，趋于变化[49]。

4.3
意象地图——村民心中的村寨

在调查中我们请村民绘制村寨地图来介绍曼冈寨。通过地图的内容、绘制方式和绘制顺序我们可以解读出村民如何认知自己的村寨（图56）。

在村民绘制的意象地图中，几乎所有的人都是从主寨门位置开始绘制地图。村寨进行的宗教仪式、婚丧嫁娶的活动都会与寨门发生关系，外来者不可见的“无形”对于当地居民却是实实在在的“存在”。这个“无形”的寨门深深刻在村民心中，成为一个起点、标志点、转折点，以这个点为界，内与外、人与鬼就此分离，它成为了“边界”。

部分居民先标示出近亲的宅院，通过它确定周边环境和其他宅院。这说明当地村民对自己近亲居住的宅院的位置非常清楚，甚至成为辨别方位的重要的标志。

意象地图中没有人明确标示村寨边界。这也与村寨一般在在寨子周边的植物上做标记而没有明显的边界有关。但村民在宅院聚集区外围画上了山体，反应出他们注意到村寨沿山体布置，外围由山体形成边界。

村寨沿着弯曲的道路延伸，分成几组，只有一位小伙子较为准确地画出道路的走势，也只有他先绘制主路，再沿着主路绘制出村寨的整体构成。其他村民绘制的地图中，道路整体被视为直线的，即使有曲折也是沿着直线展开。这与大部分村民绘制地图从寨门开始向内伸展的画法有关，也可以看出村民对宅院聚集区顺应地形形成的几处分区没有关注，反过来也说明这几处分区没有特别的意义。

沿路的球场、小卖部等设施大多被绘制出来，而村委会反倒没有出现。这也反应出村寨中的设施空间分布、设施与村民的关系对于村民记忆的影响。

通过对村民意象地图的解读，可以看到前文分析的聚落空间结构与村民对聚落空间的认知基本吻合。从意象图中可以看到没有明确的聚落边界，道路形成聚落的骨架，几处重要的空间控制要素均被标记出来，尤其是寨门作为起点和内外分界被着重反映出来，并以此沿着道路绘制出村寨。由此也可以看出村民心目中，村寨没有中心性要素。从绘图过程可以发现家族关系成为了空间定位的一种方式，这体现了乡土社会中社会结构对于聚落空间的影响。

4.4
曼冈村景观

4.4.1 中观区域景观——“山-林-寨”的基本景观格局

哈尼族是山地民族，周围自然环境中的山林植被是哈尼村寨赖以存续的基础。虽然村寨周边的很多山没有确切的名字，但是每一座山对于这里的居民都有着特殊的意义。在这些覆盖着茂密植被的山体上，有着他们赖以生存的水源、生活生产的基本资料，也寄托着民族的信仰。

曼冈村处于河谷地带，周围群山环绕，林木葱郁。村落房屋密布在河谷沿线，树林密密匝匝地覆盖着山顶和山脊广阔的地带，村寨与周边山林之间分界明显，有着截然不同的景观，形成了山环抱着村寨，林木覆盖着山峦的基本景观格局。

如前文所述，曼冈村周边不同性质的山林保护了村寨不受鬼神的侵犯。同时这种“山—林—寨”的基本景观格局为聚落中居民的生活提供了重要的水源保障，是村寨得以存续的基本条件。曼

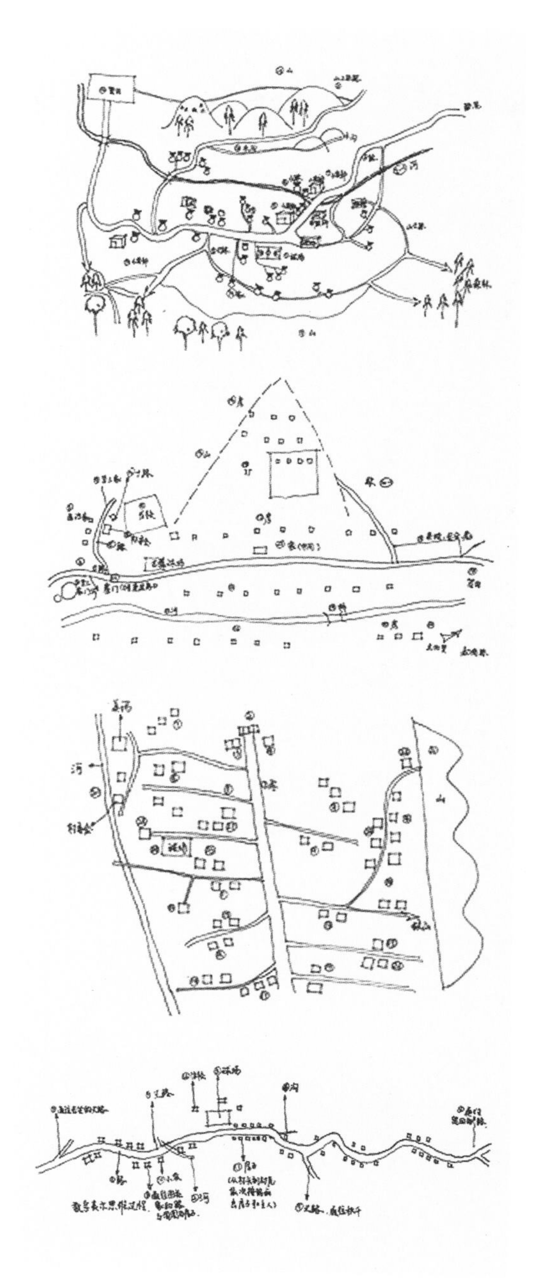

图56 意象地图

冈村所在地的水资源的比较充沛，得益于村寨周边山顶森林对水源的涵养。周围山体如无山林涵养水源，在阴雨连绵的天气里容易发生水土流失、山体滑坡等地质灾害，危害村寨的安全。因而，寨中居民有保护山林的普遍意识，也知道水冬瓜树是最好的涵养水源的树种。

除非修缮水道，村寨中的居民不会去惊扰水源涵养林中的环境，水源林中的一草一木，一树一石都不可以随意挪动。可以看出，“林”在这种景观格局中具有关键性的作用。

哈尼族择山而居的传统，寨中居民保护山林的普遍意识，形成了“山—林—寨”的聚居形式。曼冈村与山、林相依的景观格局形式就是其文化特征的典型表现。

4.4.2 微观区域景观

宅院聚集区和周围的山林植被共同构成了曼冈哈尼村寨的基本景观格局。在村寨中也有以植物为主体的景观形式的出现。

4.4.2.1 菜圃、露台的栽植

菜圃是组成村寨居民日常生活的主要场所之一。哈尼民族有着食用野生蔬菜的传统，主要有水蕨菜、芭蕉心、芭蕉花、苦凉菜、水香菜、南瓜藤、芋头等，种类繁多。除了周围山林提供的丰富天然食材之外，住宅旁侧的菜圃地为居民提供着日常所需的蔬菜瓜果（图57）。

菜园总是傍建筑建设，通常位于住宅阳台的下方，可以承接生活中洗剩的废水。如同畜栏一样，菜园成为建筑重要的附属设施。

住宅组成中另外一个栽种植物的地方是露台。露台是住宅的重要组成部分之一，是生活中洗漱、晾晒活动的场所。露台直接沐浴着自然的阳光雨露。大多数住宅沿露台边缘简单地摆放一些种植在简陋的花盆和水泥种植槽中的蔬菜、花卉。

如同西方园林中的乡村花园（rural garden）、厨房花园（kitchen garden），曼冈村寨中的菜圃和露台栽植也是园主人栽植蔬菜、香料植物、花卉的地方，不仅可以满足日常食用的需求，还可以美化环境并且提供装饰房间的植物材料（图58）。虽然没有像西方园林那样具有明显的花园形态，但是其所体现的主要功能和与住宅相互依存的关系都是相似的。西方花园与建筑有明确的功能划分、比较清晰的交通联系，而曼冈村寨中菜圃与建筑的关系则显得较为松散和随意，只是根据场地的情况在建筑周边的边角地带随机而设，或是旁侧，或是宅前屋后，甚至是离开住宅很远的距离。如同简陋构造的住宅一样，这些原生或原始形态的“花园”还不具备较强的装饰居住环境的作用和真正意义上的花园形态。

4.4.2.2 村寨中的园林绿化植物

在住宅的周围，村寨的道路和公共场地周围栽植了很多城市园林绿化中常见的园林绿化植物。如三角梅、羊蹄甲、月季、孔雀草、夜来香、紫茉莉、散尾葵、凤仙花、美人蕉、一串红等。虽然上述菜圃地还只是花园的雏形，缺少真正意义上的花园形态，但曼冈村居民并不缺少美化环境的意识，应用了许多城市园林绿化中常用的园林植物，将村寨装点得如同花园。身处山林环抱之中的曼冈村寨，花卉点点，犹如“世外花园”（图59）[50]。

图57 菜圃

图58 露台“花园”

图59　寨内繁花似锦

图60　竹槽引水

4.5
曼冈村基础设施

4.5.1 取水方式的改变

曼冈村传统上依靠竹槽引水和水井取水，从山泉比较丰沛的高山森林通过竹槽引水（图60），同时村民也在村中地下水比较丰盛的地方开挖水井。但是这些取水方式受自然条件的影响较大，如果遇见极端的自然气候，水源就会断流。所以，为了更好地利用山中的山泉，同时也为了改善生活条件，保证饮用水源的干净卫生，依靠国家的资助，曼冈村在引水的水源林半山腰修建了小型的水坝，拦截山上的山泉。山泉汇集到水坝中，然后通过管道输送到山脚下的蓄水池中，最后通过管道将蓄水池中的水输送到村寨中的各家各户，成为居民使用的自来水。自来水管道的修建，使得曼冈村村民摆脱了去井中打水、竹槽取水的原有的取水模式，生活更加方便卫生。山泉引到蓄水池中，在蓄水池中将一些泥土和杂质沉淀，而且村中负责水坝管理的村民定期都会去给水坝消毒，比起原来的用水模式更加安全卫生。现在，村寨中各家各户都饮用山上的自来水，取水水井就只剩一口具有象征意义的龙巴井，只有在特定的节日与祭祀活动才会取用（图61、图62）。自来水进家使得住宅二层可以增加洗澡间、卫生间，方便居民生活，同时也改变了住宅的空间形态和造型。

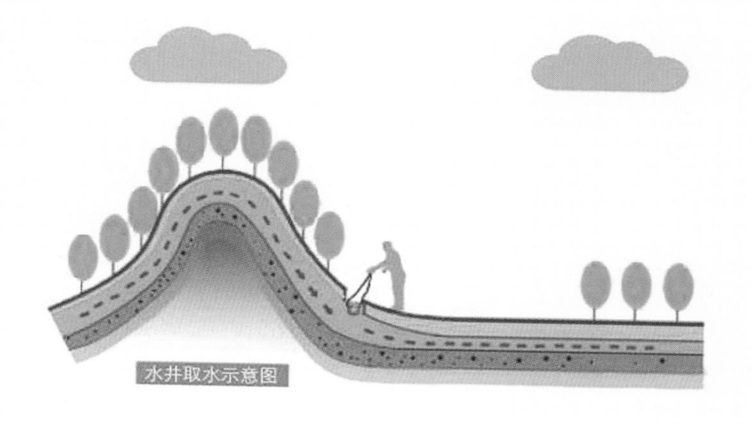

图61　水槽取水和水井取水示意图

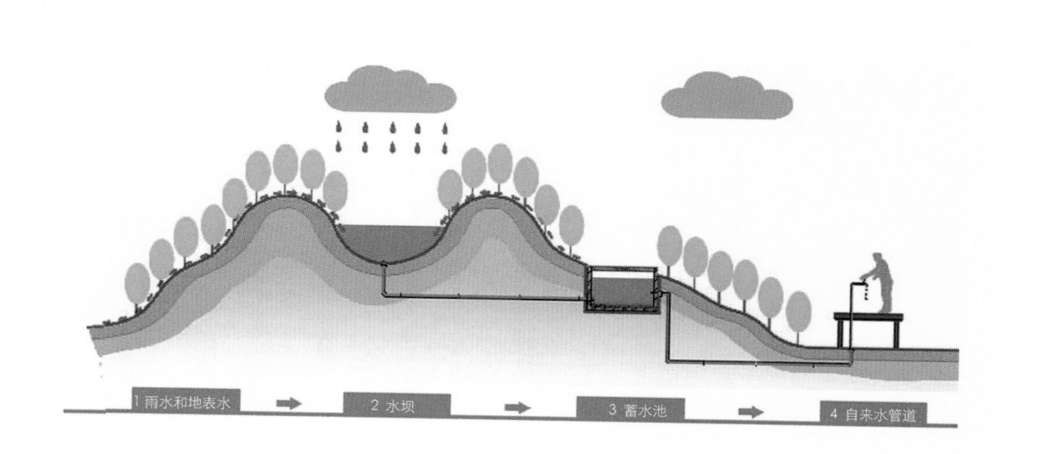

图62　曼冈村用水来源示意图

4.5.2 排水系统

曼冈村中除了改变原有的取水方式，同时也在村寨中建立了排水系统，排水系统主要分为两种，一种是雨水排放系统，一种是生活污水排放系统。

4.5.2.1 雨水排放系统

村寨中的雨水原来一部分通过地形直接排到山下，一部分排到河流中。但是当雨水充沛的时候，道路上就会有大量来不及排出的积水。现在随着村寨的发展，村寨内外结合地形修筑了排水沟，下雨时道路上的积水能够及时排到沟渠中，避免道路积水，同时在雨季山洪来临时，排水沟也堪当起泄洪渠的作用（图63）。

图63 排水沟

4.5.2.2 生活污水排放系统

曼冈村过去没有排污系统，生活污水倾倒在河中，离河道比较远的人家把生活污水直接倾倒在地上。当时村里的水井用的是浅层地下水。浅层地下水埋藏浅，存在被排放到地表的污水污染的风险。随着时代的发展，村寨中的村民也认识到这一点，在村寨中结合河道修建了相对完善的排水管网，通过明管和暗管，使得每一户居民的生活污水排到污水渠中，最后汇集排放到河流中。这种排水方式，在过去的几年中很好地改善了村寨的卫生，使得村寨中的脏水和粪便不再随地可见。但现阶段，随着污水量的不断增加，曼冈村村主任也在倡导村民采用更加生态的污水处理方法，推行每户人家挖一个化粪池，这样污水和居民每家的排泄物在化粪池中得到沉淀、分解，这种处理方式既延长污水渠管道的使用寿命，同时也改善河道的水质[51]。

第五章

曼冈村建筑

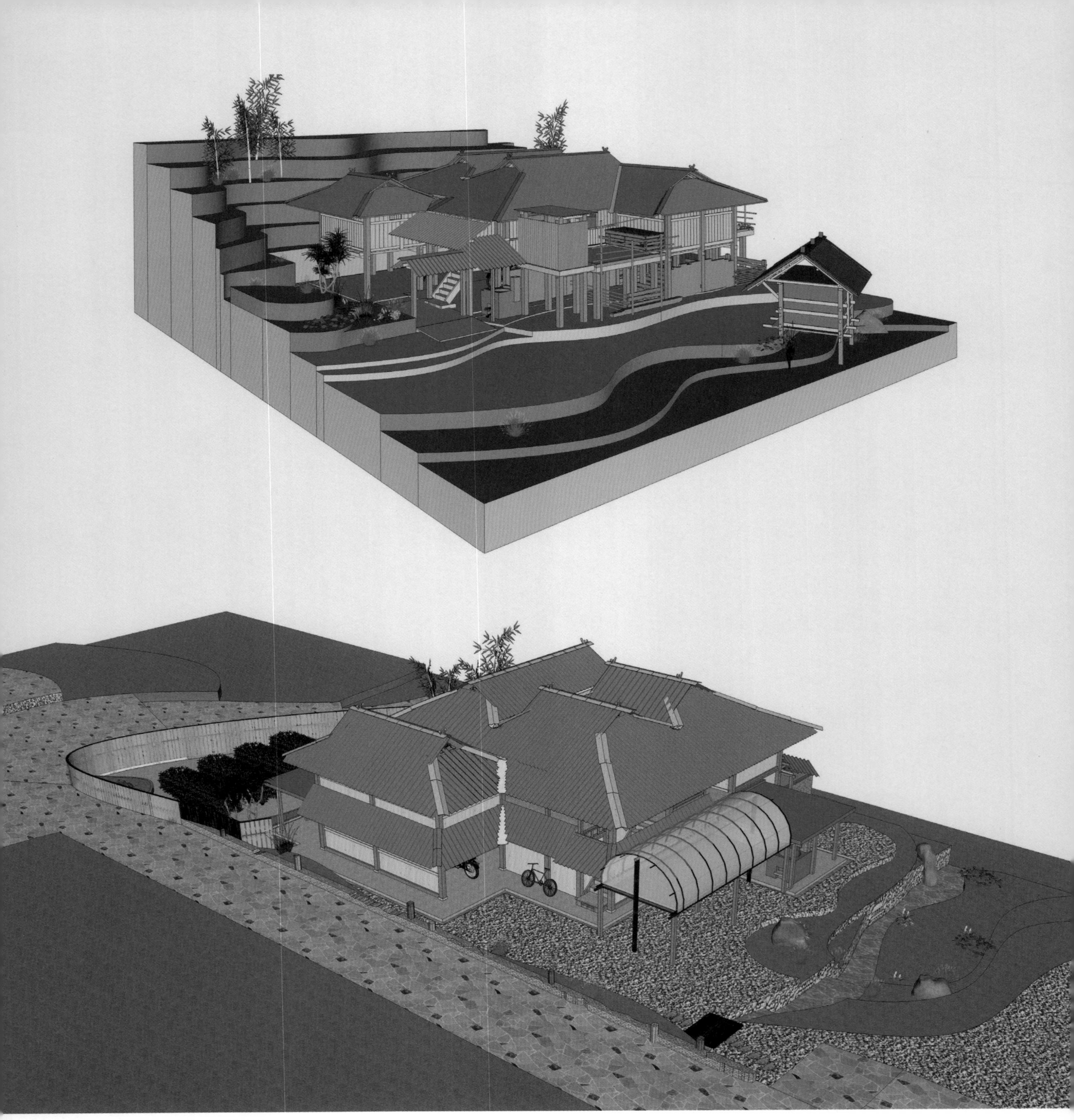

图64　哈尼族当代住居建筑形式

5.1 曼冈村建筑类型

乡土建筑是乡土聚落的重要组成部分，它们作为基本元素构成聚落空间，它们也是建筑学界研究的主要对象。乡土建筑由宅院、公共建筑物、特殊的建筑物（构筑物）等组成，它们承担着村寨成员居住、生产、社会组织、宗教、教育、休闲娱乐、防御等多方面活动。

曼冈村村寨功能较为单一，以农耕为主，基本上没有乡镇企业，村办学校已经撤销，因此村寨中的建筑类型简单，以居住类的宅院为主。其他建筑包括村委会建筑、简易医疗所、农田中的休息建筑、仓房、简易厂房、废弃的学校建筑、临时公房、公共厕所以及寨门、秋千架等带有宗教色彩的构筑物[52]。

5.2 曼冈村居住建筑（图64）

5.2.1 西双版纳哈尼族传统住居

5.2.1.1 概述

《云南少数民族住屋形式与文化研究》将哈尼族人的住屋分为两种："拥戈"和"拥熬"。"拥戈"类似曼冈今天看到的建筑："底层架空低矮，歇山式屋面。楼层居中分隔为两大部分，各置火塘，男女分梯而上，分室而居。""拥熬"则是一种对坡地巧妙利用做成半地面半架空的棚屋。卧榻设在半架空部分，下面喂养鸡、猪、羊等家畜。屋面为两坡悬山。下坡向的屋面可随架空部分任意加长[53]（图65）。

5.2.1.2 西双版纳哈尼族传统住居特点

西双版纳哈尼族的传统住居的特点为：室内空间男女分室、建筑组群呈子母房形式布置。

（1）室内空间男女分室

传统西双版纳哈尼族住居主体建筑通常有上下两层，底层架空仅一米左右，相较于今天的宅院低很多。主体建筑二层有较为严格的秩序，通过在室内用木板或蔑笆进行隔离，将空间一分为二，一部分为男性家长居住空间（哈尼语为"波老"Bawvlawv），一部分为女性家长居住空间（哈尼语为"纽妈"Nymrma）。男女居室各设其门，分开出入。男性空间也是具有外向性的社交场所，正门一般设在男性空间一旁，用于客人出入。女性空间则较多承担了照

图65　哈尼族"拥戈""拥熬"（资料来源：《云南少数民族住屋——形式与文化研究》）

料日常起居的功能，是内向属性的空间（图66，图67）[56]。这是西双版纳哈尼族民居区别于其他民族民居的一个显著特点，即建筑按照性别区分出不同的空间，并按照性别的差异确定空间的内外、等级。

房子的第一个柱子布置在男女空间之间的隔墙中。男女两室各有独立火塘，布置在床铺下方。吃饭时家族成员按照辈分围坐在女主人的火塘边。家庭的主要财产也保存在女性居室火塘上空的搁架之上，祭祀时祭祀品首先置于女性居室上方，显示出女性在家庭之中的

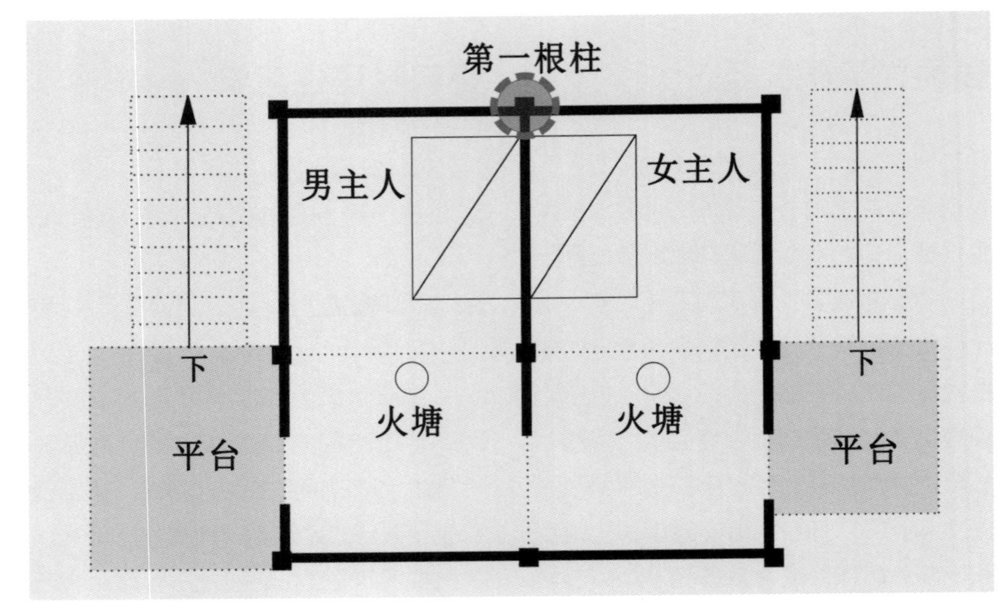

图66　男女分室的室内空间

图67　曼冈寨传统住宅

地位。男女主人卧室外各有敞廊，男女各自在自己的敞廊中活动。敞廊有各自的楼梯，女性不能使用男性方向的楼梯。男性房间、敞廊和楼梯位于房间的“前面”方位，从外进入宅院首先进入男性敞廊；女性的房间、敞廊和楼梯则位于“后面”方位。

这种空间的二元结构是哈尼族的信仰和仪式观念在空间上的体现，其所呈现出的是一种复杂的等级关系。位于中央的第一根柱子和男女火塘是整个住居的核心，紧挨两个火塘对称布置的男女床铺则体现了家庭内部的等级秩序。女性空间保存家庭主要财务，体现了女性家长在家庭中的重要地位。这是一种原始母权力量的表现形式，是现代父权制家庭中的母权制残余的体现。这些空间中的重要节点具有特殊意义，体现在空间上其位置不能改变，正因如此哈尼族住居才成为了具有神秘力量的“神圣空间”，成为了哈尼族人身心的庇护所。

在房间中的第一根立柱或男女主人床铺之间的隔墙之上的椽子上通常会放置一些稻草，长辈去世后，从上摘下一些稻草放在棺椁之中（图68）。

（2）建筑组群呈子母房形式布置

早期的哈尼族民居上体现着父系血亲家族影响的痕迹：“一个父系大家庭，一般要建一栋中心母房‘拥熬’（Nymrawv），并依照大家庭内已婚男性成员的数目，环绕母房‘拥熬’（Nymrawv）建盖若干子房‘拥然’。在母房周围，除了为已婚儿子建盖子房之外，还要为适婚年龄的男性成员另加建小房，以备择偶之用。”家族子女未成年时按照性别和父母分住在两个房间中，男孩15岁左右搬进小房中居住，女孩成年后出嫁。男孩的小房子与主体建筑脱离，不能与主体建筑相连。小房子小到只能摆放一张床和柜子。男孩吃饭、和家人聚会还在主体建筑中，但是睡觉只能在小房子里。随着年纪长大，他在这里谈恋爱，结婚生子，直到分家出去独立建房或者家中父母去世搬回主体建筑。15岁之后的孩子被认为已经脱离了童年时期，可以始谈恋爱，独立设置的小房子使他们拥有了自己的空间。哈尼人有双胞胎、六指等禁忌，一旦生出这样的婴儿，夫妻会被视为不洁，被驱逐出村寨，他们住的房子被烧掉。小房子独立不与主房连接可以减少大家庭的损失。家庭中有多个儿子时，只有一个孩子能继承家业，通常为次子，其余孩子分家单独建房。继承家业的孩子在父母亡故一位后可以搬进主房居住。子房围绕母房的布局方式体现了当地的家庭组织观念和禁忌。在生产力不够发达，或是自然条件恶劣的情况下，只有更多地依赖相互的劳动协作关系，才能相对稳定地维持一个大家族的群体的生存与发展。哈尼族通过这种聚居形式聚集家族力量，显示出强大的生命力与对外抵抗力（图69）。

图68　第一根柱与祭祀品

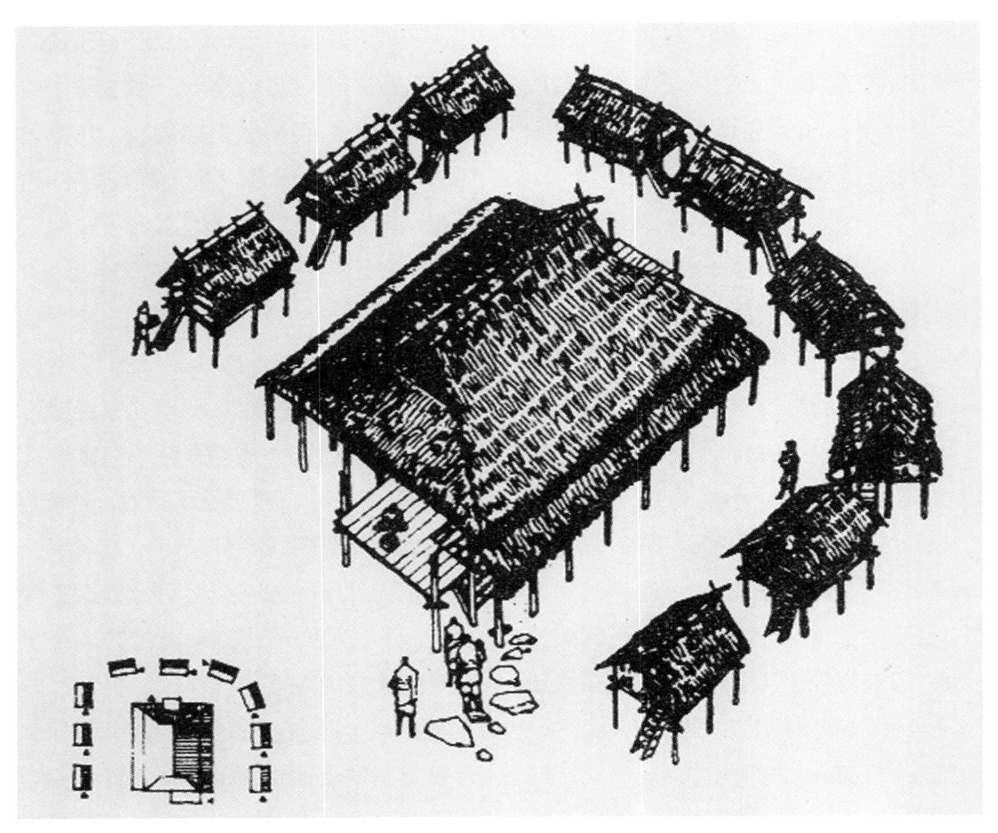

图69　子母房的聚居形式
（资料来源：《西双版纳哈尼族住屋空间模式溯源》）

这种男女分室的室内格局以及子母房的建筑组群共同构成了哈尼族民居最基本的空间模式。这种模式不是一种抽象的概念，它似乎类似于荣格（Carl Gustav Jung）所提到的“原型”（Archetype），是一种长存于人们“种族记忆”中的，反复出现的原始表象。它是人们世世代代普遍性心理经验的长期积累。它一旦形成，就会被不断强化，即使时代变迁，也不会影响其最基本的内核。在今天的现实生活中，虽然生活方式、房间功能发生了很大的变化，但大多数哈尼族村寨的住居依然是从这个“原型”中衍化生长而成的[57]。

5.2.2　西双版纳哈尼族传统住居空间构成

传统哈尼人空间构成简单，依据性别划分，其空间构成可以抽象为（A+B）+（A'+B'），A表示房间，B表示敞廊和楼梯。属于外向空间的男性空间敞廊较大，布置于住宅前侧；属于内向空间的女性空间的敞廊，布置在住宅内侧（图66）。

5.2.3　当代曼冈村住居功能及空间演变

当代哈尼族生产方式从传统的游耕转向定耕，家庭结构发生改变。家庭经济实力上升，房屋的质量、耐久性要求也随之提高。传统的居住功能与空间划分方式部分延续至今，今天曼冈寨的宅院相较于传统宅院已经发生了很大的变化；传统秩序消解重组；房屋中出现新的功能空间，功能组织变得复杂；房间数量增加，建筑体量加大。以下对当代曼冈村住居功能划分与其空间演变进行阐述。

5.2.3.1　以生活功能为主的二层空间

生活起居最重要是“居”，民居最重要功能就是居住，曼冈村民居的二层就是生活用房的全部，人们大部分的活动都在该层进行。按其使用功能可分为：敞廊、电视间、火塘间、睡眠空间、晒台（图70）。

（1）敞廊

主房二层外侧1/3～1/2布置敞廊，与主房一起被屋顶覆盖，外侧布置檐柱和栏杆，形成建筑室内外过渡的灰空间。楼梯布置在敞廊一边，不设门或者仅仅布置一道简易木格栅，将室外空间引导入建筑，因此，楼梯所在的方向是建筑的“前方”。在传统的住居中，敞廊和楼梯在空间秩序上与基本模式相一致，主入口一侧的楼梯和与之相接的敞廊对应着内部的男性空间，另一边的楼梯和敞廊衔接女性空间，其所在方位是建筑的“后方”。

西双版纳天气炎热，敞廊上方外伸的屋顶形成良好的遮阴，较之房间内，通风更好，更为舒适。进入雨季，可以在这里晾晒衣物、茶叶。农活和其他体

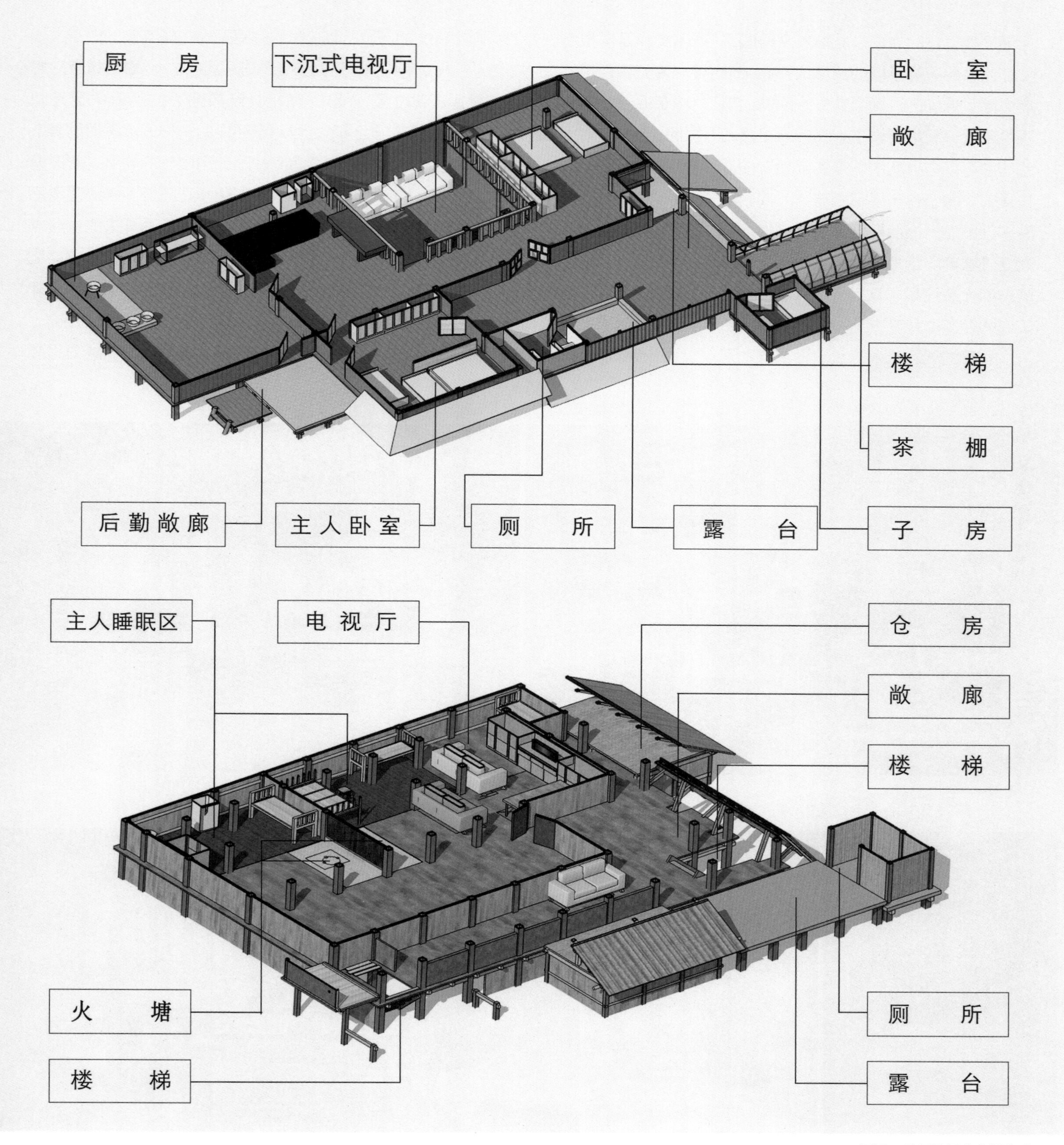

图70　哈尼族居住空间构成

力活使得工作时衣物、鞋被汗水浸湿，挂在通风的敞廊可以使其尽快干燥。敞廊中除了传统的竹编桌椅外，沙发、电视也布置进了敞廊。主人在敞廊里活动的同时可以与村寨中往来的邻里方便地沟通。敞廊一端与楼梯相连，大部分宅院未设围墙、因而周围邻里可以很方便地走进敞廊。这里成为住宅中一个特殊的空间，兼具起居室、餐厅、活动室、工作间等多项房屋功能。

敞廊对曼冈村人来说十分重要，它不仅仅是连接室内外的交通空间，更是族人们最常用的交往与活动空间，他们常在此接待宾朋和客人，算是真正意义上的礼仪空间（图71）。

（2）电视间

当代曼冈人的住居中专门布置了摆放电视机、DVD机、沙发、茶几等家具的房间，类似起居室，房间面积较大。曼冈住居出檐较大，外墙几乎不开窗或仅开小窗，所有房间的门窗设置在敞廊中，导致房间采光通风不佳，白天人们一般不愿在里面活动，更愿意待在敞廊里。在年龄结构偏大的家庭中更是如此。但对于还没有子房的孩子们而言，这个房间却是他们娱乐的场所。新的现代的外来功能空间正在嵌入传统建筑形式，传统生活方式在接纳外来的生活方式过程中进行着自我调整（图72）。在几栋新建房屋，尤其是“楼房”[58]，外墙不设敞廊，房间直接在外墙上开窗，房间内采光充足，通风良好，成为标准

图71　敞廊——曼冈民居的“灰空间”

图72　曼冈寨住宅电视间

的起居室（图73）。

（3）火塘间

电灯的使用和火塘油烟对室内空气的污染，曼冈村民将火塘从卧室中移出，建立专门的厨房。部分家庭开始使用罐装燃气和电炊具做菜，但是大部分家庭仍然使用火塘做饭和取暖，它依然是生活中不可或缺的一部分：夏季，火塘的熏烟驱赶着蚊虫；冬季，一家人围坐于火塘边吃饭，在火塘边取暖御寒。被雨淋湿衣服和鞋子可以在火塘边烘干；杀了猪和牛，切成一条条的肉放置在火塘上方，慢慢熏制成腊肉；收获季节时，将玉米和谷物置于火塘上方。火塘可以说影响到曼冈人生活的各个方面（图74）。

（4）睡眠空间

主人睡眠区除了睡眠功能外，还承担着传统宗教、民俗、礼制等文化内涵，今天其传统的文化逐步变化、减弱，其功能逐步向真正意义上的卧室功能发展。它的空间体量小于电视间，现在大多数的住宅将火塘从主人睡眠区中分离出去，这部分的空间体量进一步减小，主人睡眠区在整个建筑中空间组织

图73　现代曼冈寨住居起居室

图74　火塘间

的核心地位被削弱。

除了主人睡眠区和小房子外，家庭其他成员一般没有明确的睡眠空间，多数在电视间一角用半墙或是布帘分隔出一块区域，砌筑木台或摆放床铺作为睡眠空间。这与一些边远地区相似，居民对于睡眠较为随意，在房屋中空地上铺上垫子即可睡觉，建筑中还没有发展出严格意义上的卧室空间。

今天哈尼族家庭中，子女的数量减少，一个家庭1～2个孩子。家庭中男女性别关系变得更为平等。传统住宅按照性别严格分隔空间的方式被打破，房间按照“代际”关系区分，分成父母睡眠空间、子女睡眠空间。男女主人在同一空间居住，不再分开。子女拥有了自己的空间。但是仍然有不少家庭在主人睡眠空间中布置两张床，男女分睡。房中的第一根柱子仍然保留，通常布置在两床之间（图75）。

当代城市住居中，卧室不仅是睡眠的空间，也是家庭成员的私人空间，在其中摆放个人物品，做一些自己的事情，一定程度上保持个人的隐私。曼冈寨不少住居中缺少正式的子女卧室，反映出家庭中父母与子女关系和当代城市家庭的差别。

（5）晒台

晒台是山地民居中一个很重要的生产生活设施，它与院坝的功能相类似，主要是用作晾晒谷物和茶叶，如今每家基本上还会有多个晒台，分为晒茶台和一般意义上的晒台。村寨里晾晒茶叶的平台和帐篷一般是2007年左右新加上去的（图76）。

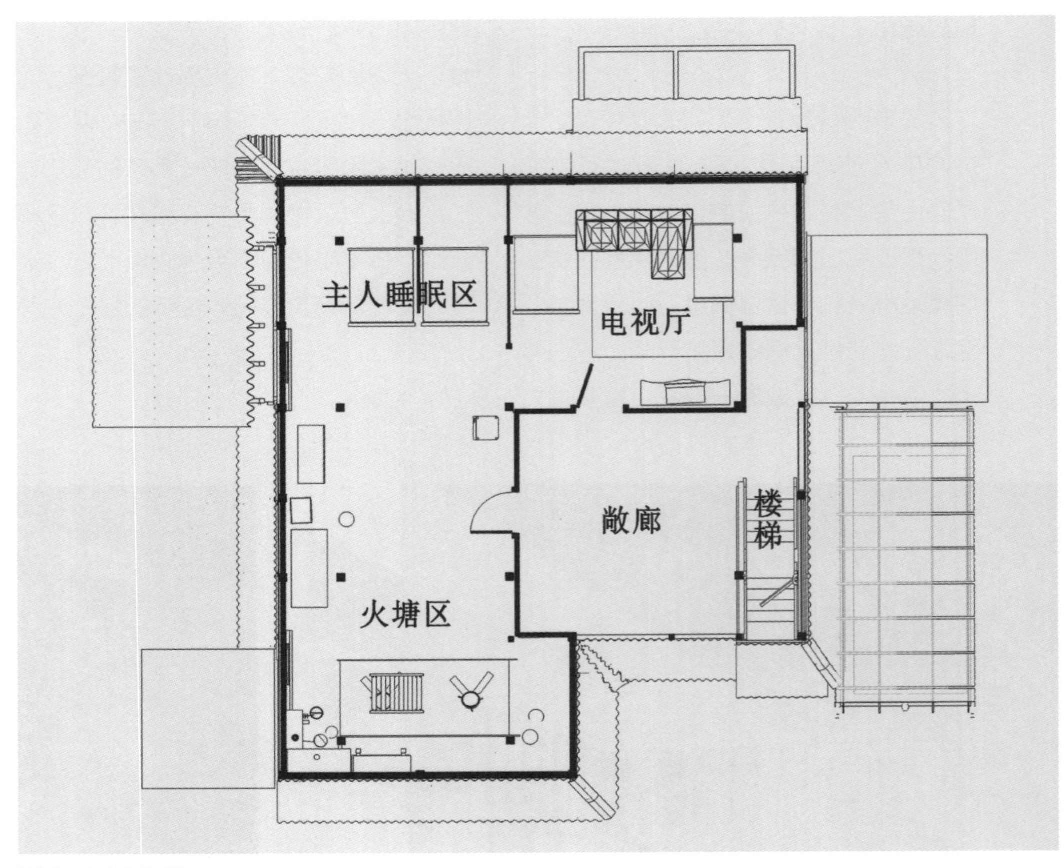

图75　主人睡眠区

图76　晒台

5.2.3.2　底层生产空间

以生产功能为主的底层空间除了在高度和占地面积上以外，在使用功能上变化不大，仍是一个主要的储存空间，鸡、牛、猪等禽畜一般集中在一个区域实现了圈养，整体感觉干净、整洁了许多。一般柴堆、肥料堆放、畜栏、炒茶用具等靠边角布置，这样既有利于清洁，同时也围合出内部的较大的使用空间，可以存放一些较为大型的农机具和其它用具如摩托车、自行车等。

如果说二层是“静”空间的话，那么架空的底层就是一个“动”空间，曼冈村大多数生产活动安排在底层。它与二次居住空间即严格区分，又相互联系相互补充。比如，二层人们也会从事一些生产生活劳动，但是一般属于比较轻松和干净的劳作如编藤等，而脏、累、重的劳作一般多在底层进行（图77）。

5.2.3.3　“独立”的空间

（1）男性子嗣生活空间——子房

曼冈村如今仍能看到父系大家庭的痕迹，当男孩子15岁时，家长就会在主房边上建一座小房子，就是所说的子房，子房有的完全独立于主体建筑，有的在一层架空柱廊下。现在新建的建筑也有将小房子布置在二层敞廊一侧，但是地面与主体建筑脱离，屋顶低于主体建筑（图69）。子房面积很小，只能布置一张床、一个小桌子和简单衣柜，男孩吃饭、和家人聚会还在主体建筑中，但是睡觉只能在小房子里。随着年纪增长，他在这里谈恋爱，结婚生子，直到分家出去或者家中父母去世。子女未成年时按照性别和父母分住在两个房间中，子房仅供男性子嗣居住，女孩没有属于自己的空间（图78）。

（2）储藏空间——粮仓

粮食储存是农居中一项最重要的功能，曼冈村民没有将粮仓置于主体建筑中，而是在主体建筑外独立建造。粮仓和子房一样面积很小、仓库用木柱架空距离地面1米，上部用木板封闭。粮仓独立设置与曼冈村民居特点和客观条件都有很大关系：首先，早期住屋是茅草为顶，室内设置了火塘，并且勐海地区夏季多雷电容易着火，为防止主房起火烧掉赖以生存的粮食，谷仓就脱离主体

图77　底层生产空间

图78　子房

图79　粮仓

建筑单独建造。其次，在主房内组织储藏空间，势必增加住屋的建造难度和成本，相比较在主房周围建造小的粮仓就成了一个明智之举（图79）。

（3）卫生间、露台

随着村寨自来水的引用，主房中出现淋浴间、卫生间。曼冈寨大部分家庭在二层都安排了卫生间，卫生间以一个独立体量矗立在主体建筑坡屋顶以外，通过水泥露台与主体建筑相连。卫生间平顶，一般用石棉瓦做屋顶和墙身，也有的用木板做墙身。卫生间中设一个蹲位、一个淋浴头。少量卫生间仅仅做淋浴间，不能做厕所，厕所单独放在主体建筑旁边小水沟上。村寨中已经普及太阳能热水器，热水器一般放置在卫生间屋顶上。热水器只依靠太阳能转化热能，在连续阴雨天水温较低。曼冈寨宅院仅有一家做了排污池，其他宅院污水直接排至污水沟（图80）。

卫生间旁边由敞廊向外伸出水泥平台，水泥平台露天没有屋顶，平台安装了水龙头，洗衣物、餐具均在此处。建筑二层基本铺设木地板，在这里为了防水，地面用水泥浇筑，地面高度比敞廊地面低10～20厘米。由于没有屋顶遮蔽，下雨时水泥露台使用受到影响。这

图80　曼冈住居主体建筑与卫生间

个空间在功能上可以视为敞廊的扩展和延伸。

5.2.3.4　小结

今天曼冈村住居的体量和竖向高度较传统建筑大幅增加，底层升高到近3米，可以放置农机具、炒茶的设备。二层居住空间也提高，敞廊面积加大。当地雨季降雨量大，屋檐悬挑较深，对外墙窗户遮挡较多，且窗户数量较少，窗户多朝向敞廊开设，室内光线昏暗。从造型和功能联系上可以看出，一些新增加的空间（如布置在二层的子房和卫生间）与主体还未很好地整合成一体，以独立体量直接悬挂于主体之外。

一些新的功能空间，如起居室、卧室，随着新的设备、新的生活方式的引入而出现在曼冈寨的住居中。村民在接受新功能过程中，调整原有的生活习惯，逐步适应新的生活方式，并对一些内容进行改造。新的功能被吸收进传统房屋，原有建筑的空间、造型不能迅速、完美地接纳这些功能，（如起居室聚会功能与原有房屋昏暗的室内、卫生间潮湿的环境与木结构的房屋等），这些功能所对应的空间或是采用独立体量置于原有建筑主体之外（如卫生间），或是模糊、弱化自身功能属性，兼具多种功能（如电视间即带有一定程度起居室聚会功能，又具有卧室功能，同时其起居室的诸多功能又被敞廊、火塘间分担）。今天所看见的曼冈寨住宅建筑正处于发展变动时期，新的功能与传统建筑空间、造型正在逐步融合、调整。

村寨中新建的“楼房”与汉地当前常见的独立住宅类似，建筑高两层，砖混结构（图81）。入门是通高两层的起居室，外墙开大窗户采光，后面布置卧室。楼梯通向二层，起居室上空有一圈单面走廊环绕，与底楼对应位置布置卧室。二层走廊一侧通向外面阳台，与旁边的传统木构房屋相连。木构房屋与“楼房”同期建造，底层架空做储藏等功能，二层用作厨房、卫生间。“楼房”取消二层敞廊，生活重点从二层转移到一层，起居室不仅拥有电视、沙发等设备，而且完全具备了客厅和起居室的功能。卧室完全封闭，布置床铺，不再堆放杂物，成为标准的卧室。屋顶仍然使用歇山顶外，其造型和材料几乎看不出传统建筑影子。建筑内部空间组织已完全失去了当地传统建筑特征，但是一些传统的习俗却保留下来：房屋由木框架结构转变成砖混结构，立柱消失。屋主在一层房间中用一段绑扎稻草的木头表示第一根柱子，延续传统的禁忌（图82）。在摆放“第一个柱”的房间对应的一层房间是主人卧室。这家老人有一位过世，因此与传统方式相同，留在家中的儿子与老人住同一个房间，两张床之间用布帘分开。厨房和卫生间没有布置在“楼房”中，可以看出对于在新房子中如何布置这两种功能还没有太好的办法。

图81　曼冈寨“楼房”

图82　“楼房”中的“第一根柱子”

5.2.4 当代曼冈村空间构成及演变

曼冈寨住居由居民自发建造，没有受到政府的干扰，呈现多姿多彩的面貌。其空间构成如下文所述。

5.2.4.1 曼冈住居母房空间类型

曼冈寨的住居母房从外看是被两到三组歇山坡屋顶覆盖的、底层架空的、带外廊的木结构杆栏式建筑，其室内空间由正房、外侧的敞廊、露台及楼梯构成。

曼冈村的主体建筑正房的形体组合方式主要有三种：

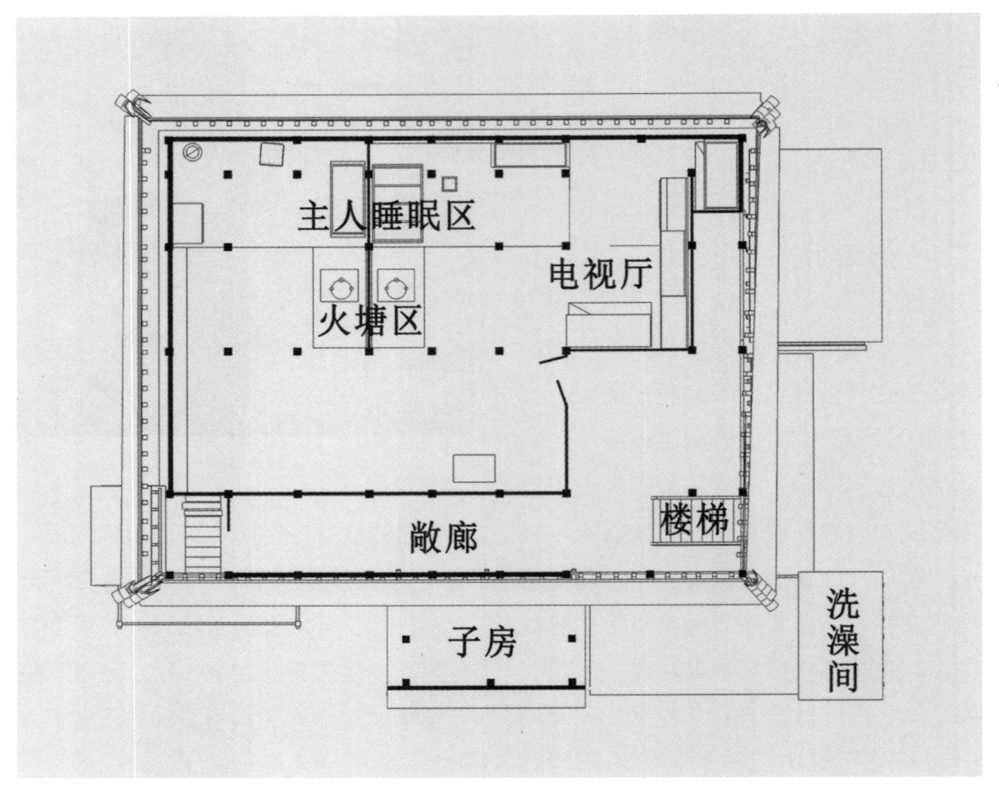

图83 曼冈住宅“一”形空间构成

（1）“一”形

主人睡眠区仍然分成两间，每间保留了各自的火塘，但每个房间加大为三开间。敞廊没有分别布置在主人睡眠区两侧，而是连成整体布置在主人睡眠区外侧。作为新加入的功能：电视间直接外接在主人睡眠区一侧，没有隔墙分开。在这里可以看出传统向当代过渡的最初的方式：加大空间，和直接将新空间接在已有空间上（图83）。

（2）“L”形

房间增加到三个进深，主人睡眠区占据一个进深，布置在整个建筑的转角处。一段木隔墙将其分为半封闭的两间，男女主人各居一间。中间的进深摆放柜子、桌椅，没有明确的功能。火塘区远离主人睡眠区，布置在第三个进深里。电视间布置在主人睡眠区一侧，两个房间有门洞联系。房间呈L形布置在敞廊两边，对向敞廊开门。家庭中公共的电视间、火塘间布置在交通流线的外侧，私密的主人睡眠区布置在内侧（图84）。

当前曼冈寨的住居空间以“L”形较为多见。图85是“L”形变体。主人睡眠区仍然布置在角部，但已经不再划分为半封闭的两间。电视间加大，两侧布置附属房间和半封闭卧室，它们单独对敞廊设门连接，与主人睡眠区彻底分离，且体量大于主人睡眠区。火塘间另一侧布置小工作露台（图85）。

（3）“T”形

电视间、火塘间和附属空间（次卧室、储藏间等）呈“一”字形排列，电视间居中，其他空间布置其左右。主人睡眠区从“一”字部分分离出来，垂直于“一”字。突出的主人睡眠区外侧的敞廊属于公共空间，而内侧连接火塘的较小的敞廊属于服务性空间。子房和卫生间通过敞廊与主体连接起来。电视间下沉，获得挑高的空间，强调其重要性。这样的布局方式在村寨中较为新颖，房主人既希望保持传统特色，又希望与现代生活相适应（图86）。

5.2.4.2 当代曼冈住居空间构成特点

（1）实空间+半围合的灰空间

住居由较为封闭的正房空间（实空间）和半开敞的敞廊空间（灰空间）构成，实空间外部围合界面不设对外窗户，它与外界联系主要依靠灰空间过渡。传统住宅中灰空间从实空间两侧伸出，现在住宅，有的是实体空间两翼半围合灰空间，有的是灰空间围绕在实空间外侧，具有虚实相生的空间特点。

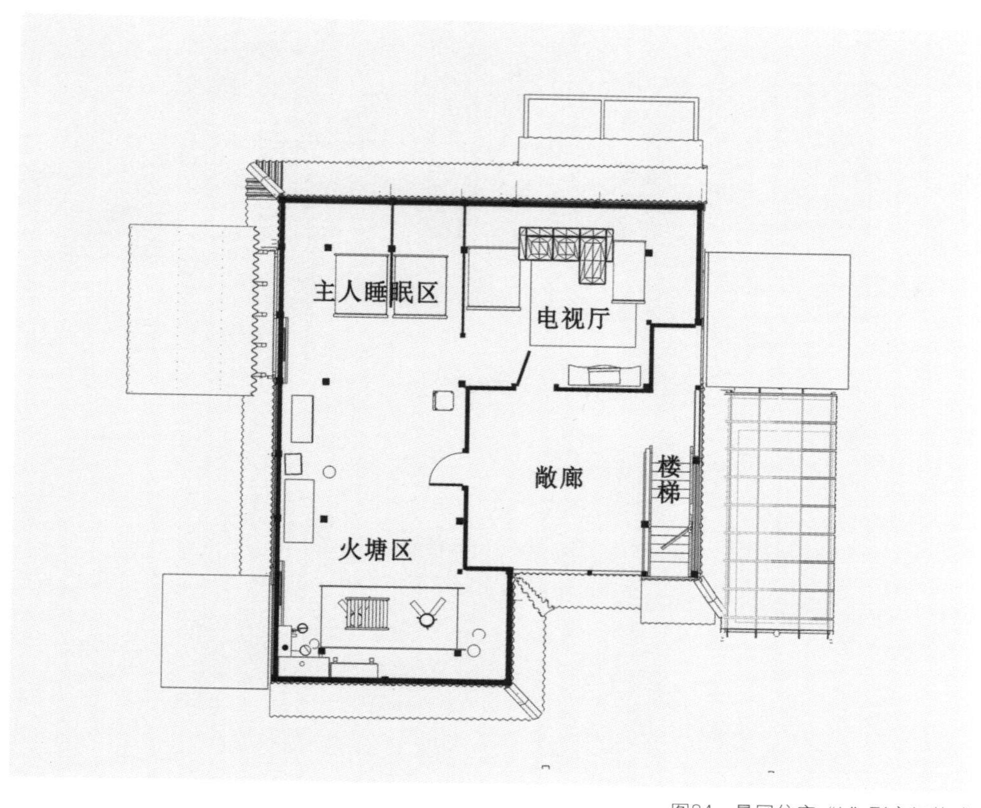

图84　曼冈住宅“L”形空间构成

（2）缺乏主导性空间

传统住宅以主人睡眠区+火塘做为主导空间，现在住宅中主人睡眠区所占分量减弱，电视间分量增加，但它与其他空间关系还以并置为主，并未形成空间核心或者空间中的主导力量。

（3）空间内部流通性较强

家庭内部对于房间私密性要求不是很强，为了加强通风散热，各个空间没有完全封闭，空间之间形成被动的流通性。

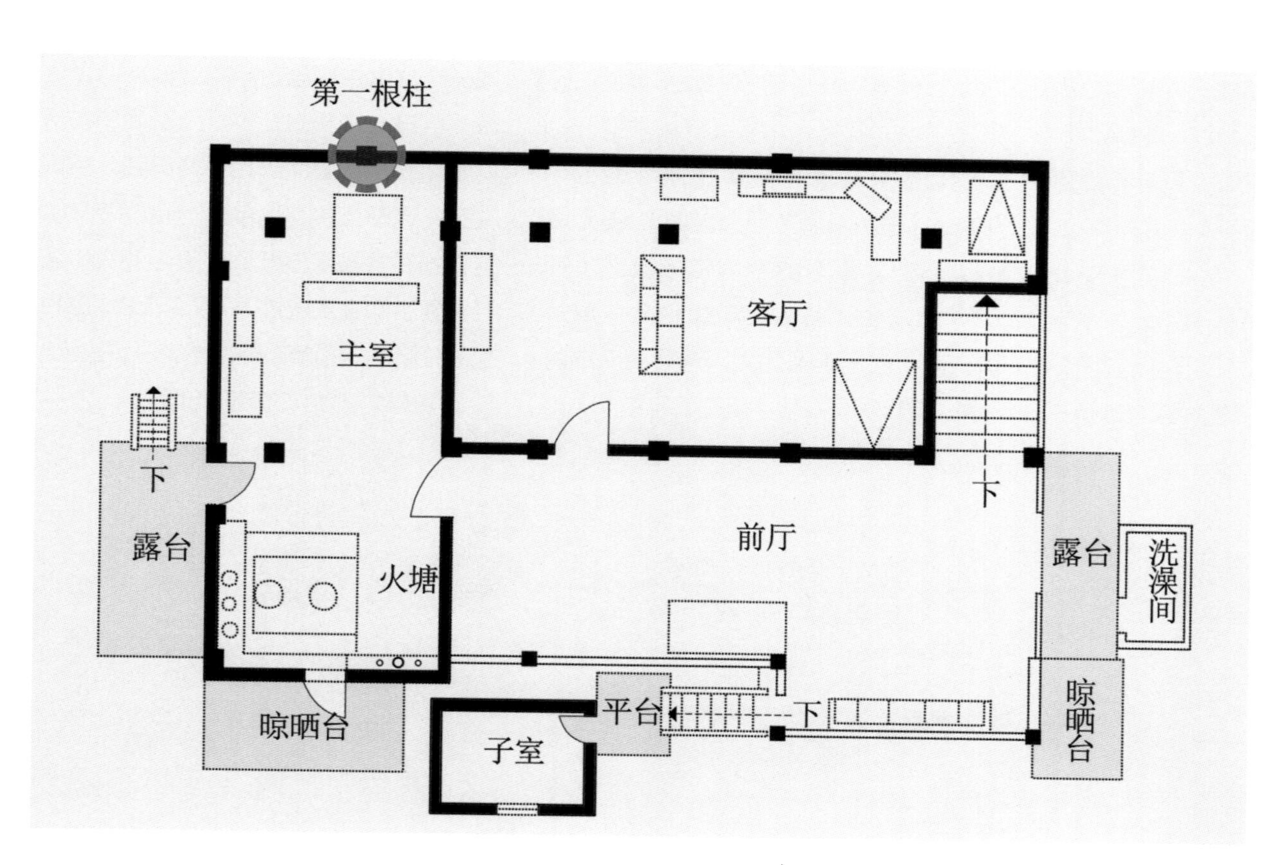

图85　曼冈住宅“L”形变体空间构成

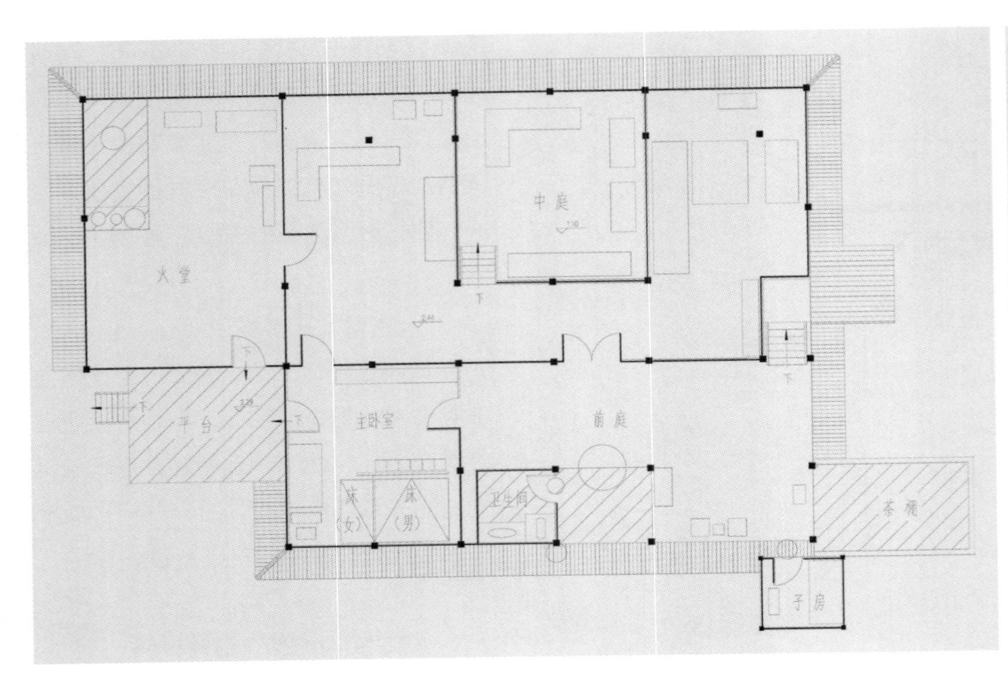

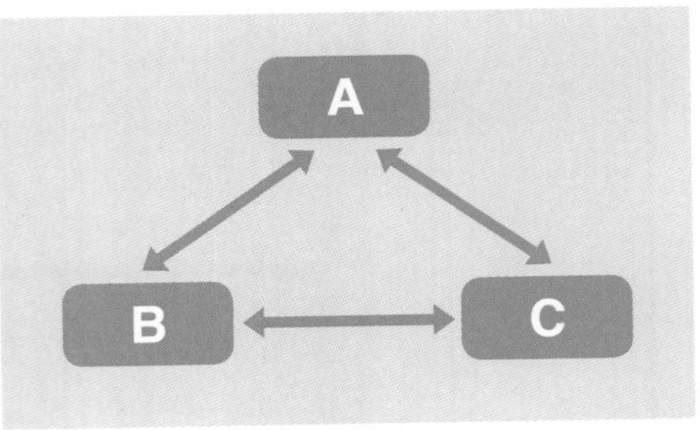

图87　曼冈住宅空间构成演进模式

图86　曼冈住宅“T”形空间构成

5.2.4.3　曼冈住居空间结构及其演变

传统的曼冈住居的母房的空间结构呈现以第一根柱所在轴线为轴线和分隔线并置的（A+B）+（A'+B'）（A、A'是正房，B、B'是敞廊），具有特殊意义的第一根柱和火塘置于A（A'）中，B（B'）从属于A（A'），是A（A'）空间的前导空间和补充空间。B（B'）是半开敞的灰空间，A（A'）是封闭空间，空间序列呈现由开放—公共转向封闭—私密。A（B）与A'（B'）以性别作为区别的依据，在家庭中的功能、地位不同，因而不宜简单视为对称结构。

当代曼冈住居空间相较于传统住居发生了巨大变化，随着经济条件提升、新的功能引入，住居空间由容纳较为简单的A（主人睡眠空间+火塘）+B（敞廊）向更为复杂的空间构成演进（图87）：①主人睡眠区与火塘呈分离趋势，两个空间距离加大，逐渐演变成两个独立的空间。②C（电视间等空间）出现，A+B格局发生变化，C空间体量大于A，成为住居中分量最重的空间。③主人睡眠区从严格划分成两个独立空间转变成一个空间中用半封闭隔墙分成两个区域，再进一步演变在同一个空间中布置两张床，两床之间只用布帘隔开。空间性别化逐渐淡化。（A+B）+（A'+B'）这样的并置关系逐渐弱化直至消失。④各主要空间主要通过B联系，而B本身具有部分起居、餐厅功能使得B空间在当代住居中的作用大幅度提升（图88）。

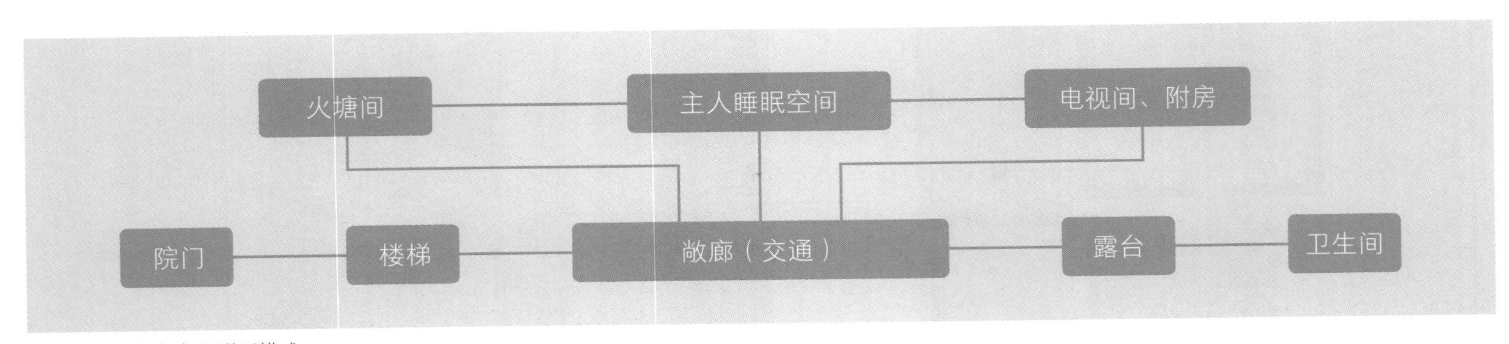

图88　曼冈住宅空间联系模式

5.3 曼冈村居住建筑形态

5.3.1 曼冈村居住建筑形体特征

曼冈村住居底层架空，屋顶由几个不同方向歇山顶组合而成。屋顶坡度较陡，屋脊较短。屋檐出檐较深，将墙面和敞廊笼罩在深深阴影之中。二层外墙几乎不开窗，封闭的墙体和敞廊形成强烈对比，墙柱不做粉饰，朴实无华。

传统住宅仅有两间房间，单一的歇山坡屋顶直接覆盖其上。现在建筑空间增加，规模增大，原有的坡屋顶已无法覆盖增加的空间，但现阶段建造方式中屋顶与内部空间的对应关系还未受到足够重视，导致两者之间关系不对应，甚至处于分离状态。曼冈寨住居屋顶歇山屋顶组合方式自由，平行两组、两横一竖、两横两竖等。房屋建造中为避免坡顶过大过高，较小的空间屋顶被拆分成两个水平相连，较大的则是再增加一个垂直的屋顶。住宅屋顶空间与墙身所划分空间有一定对应关系，两个平行的屋顶交界部分通常会布置在隔墙上方。但对位不太严格，屋顶大致做成相等体量，而室内空间有大有小，隔墙没有伸到屋顶之下，在一个房间之内可能出现两个屋顶，也有一个屋顶之下是两个房间。不对位情况在两个垂直屋顶之下更容易出现（图89、90）。主人睡眠区通常对应一个屋顶，一般是垂直于建筑纵向的屋顶。其他空间与屋顶的对应关系不严格，尤其是电视间这样的大空间。

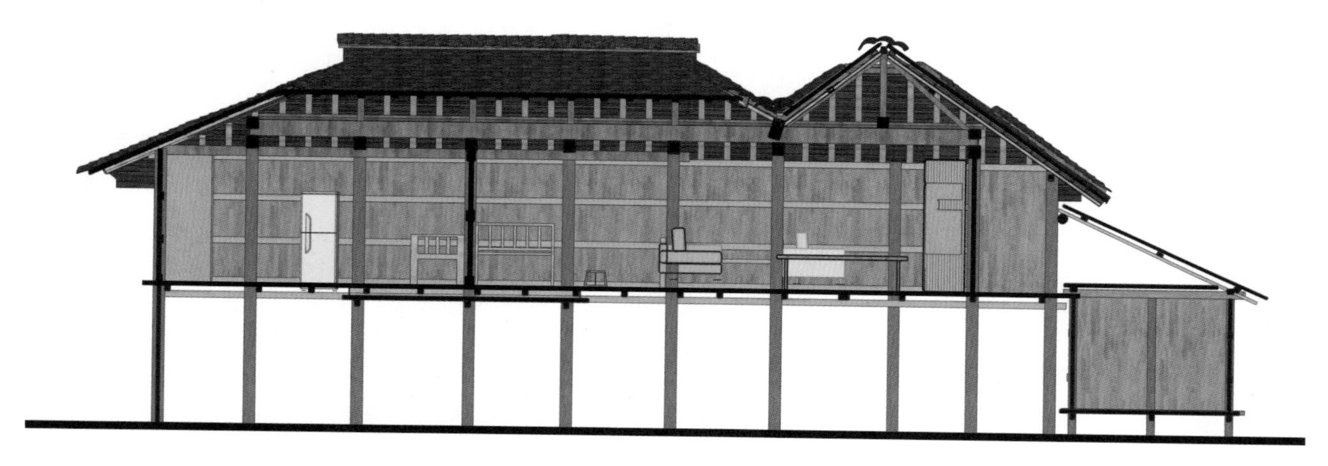

图89　曼冈住宅屋顶与内部空间（1）

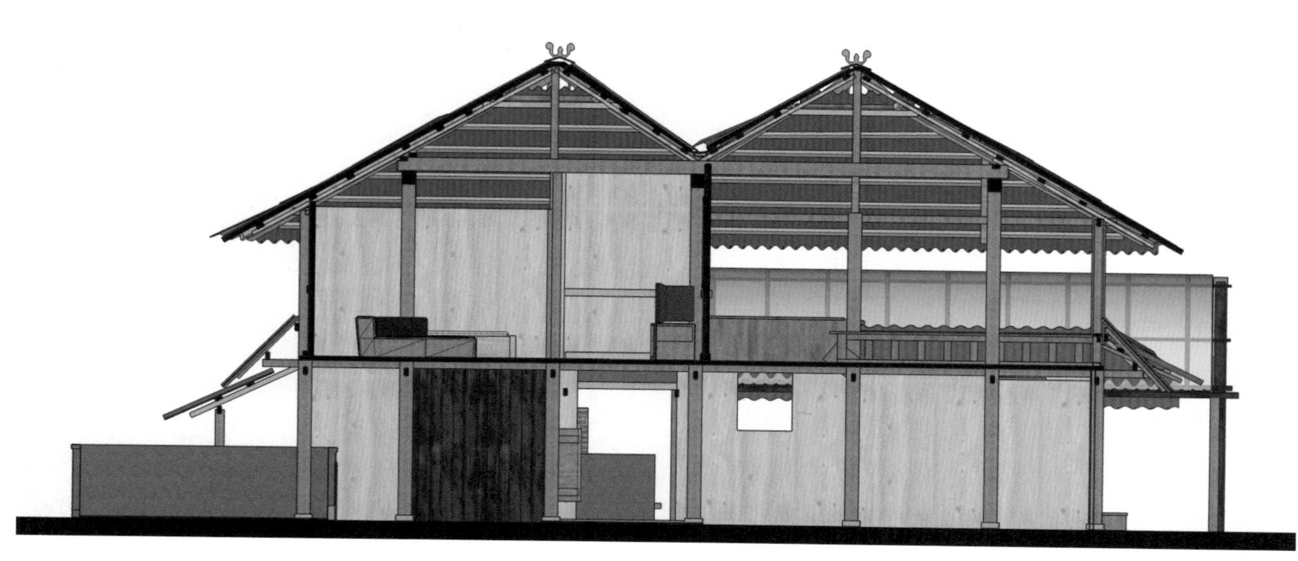

图90　曼冈住宅屋顶与内部空间（2）

为了使屋内空间看着不是很混乱，有的家庭做了吊顶。

在一些既往研究中认为[59]，有学者认为哈尼族居住空间的变化有向复杂发展的趋势，其空间布局变化遵循“向心性”原则，即“位于中央的空间一定是对称的空间二元结构，它也是屋脊最高的一个空间，它对应的是整个房屋中最为重要的部分，其他的辅助空间都围绕着它布置，它的座向也决定整栋建筑的座向。在条件允许的情况下，最小房屋的建造也要包含这样的对称结构，从屋顶形式来看就是这种一字型的屋顶，所有其他多个屋顶的形式都是它的变体，并且依然要遵循‘向心性’的布局原则。”但基于我们对于曼冈村民居的调研来看，以主人睡眠区为中心的建造意识并不明确。随着居住功能的复杂化，火塘间、卧室等原有功能被拆解并与新功能一起被重置。如前文所述，主人睡眠区并未布置在房间中部，它的空间体量和重要性均在弱化。当代住居中还未形成空间控制因素，新增空间没有采取向心式发展方式。

5.3.2 曼冈村居住建筑装饰艺术

曼冈村住居朴实无华，装饰较少，仅在山面做悬鱼，在屋脊两端安装三叉架等（图91）。屋顶的装饰村里也有不成文的规定：村里老人提到屋顶装饰寡妇家不能挂，悬鱼必须在房主儿子结婚以后才能挂。追玛家挂5条鱼。

图91　曼冈住宅屋顶装饰

5.4 曼冈村居住建筑结构与构造

5.4.1 曼冈村居住建筑结构

与大多中国西南地区民居一样，哈尼族山寨曼冈村民居属于干阑式建筑。建筑使用了构架承重而墙体不承重的木构架体系。

5.4.1.1 基础

曼冈村地处山区，土山为主、地质疏松，少有平地和石头，传统上将山坡整理成台地以建房。建房时地面夯实，把柱子埋入土中约50厘米深，下面不做基础，只在柱子的地下部分做横网格状穿枋起到固定作用。

5.4.1.2 支撑结构（图92）

（1）垂直支撑结构

屋顶和楼板的重量通过梁传递给柱。柱子有两种类型：第一种高度只到一层地板，在它以及另一种通高的柱子上穿插有十字形梁，一层楼板以及其上的荷载通过这些梁传到柱上；第二种为通高柱，直接与屋顶结构中的梁搭接，与梁之间没有榫卯结构，只用麻花钉连结，它承担了整个屋顶部分的重量。柱子横截面为方形或矩形，长宽一般为18~22厘米，但当地也认为柱子越粗越好。

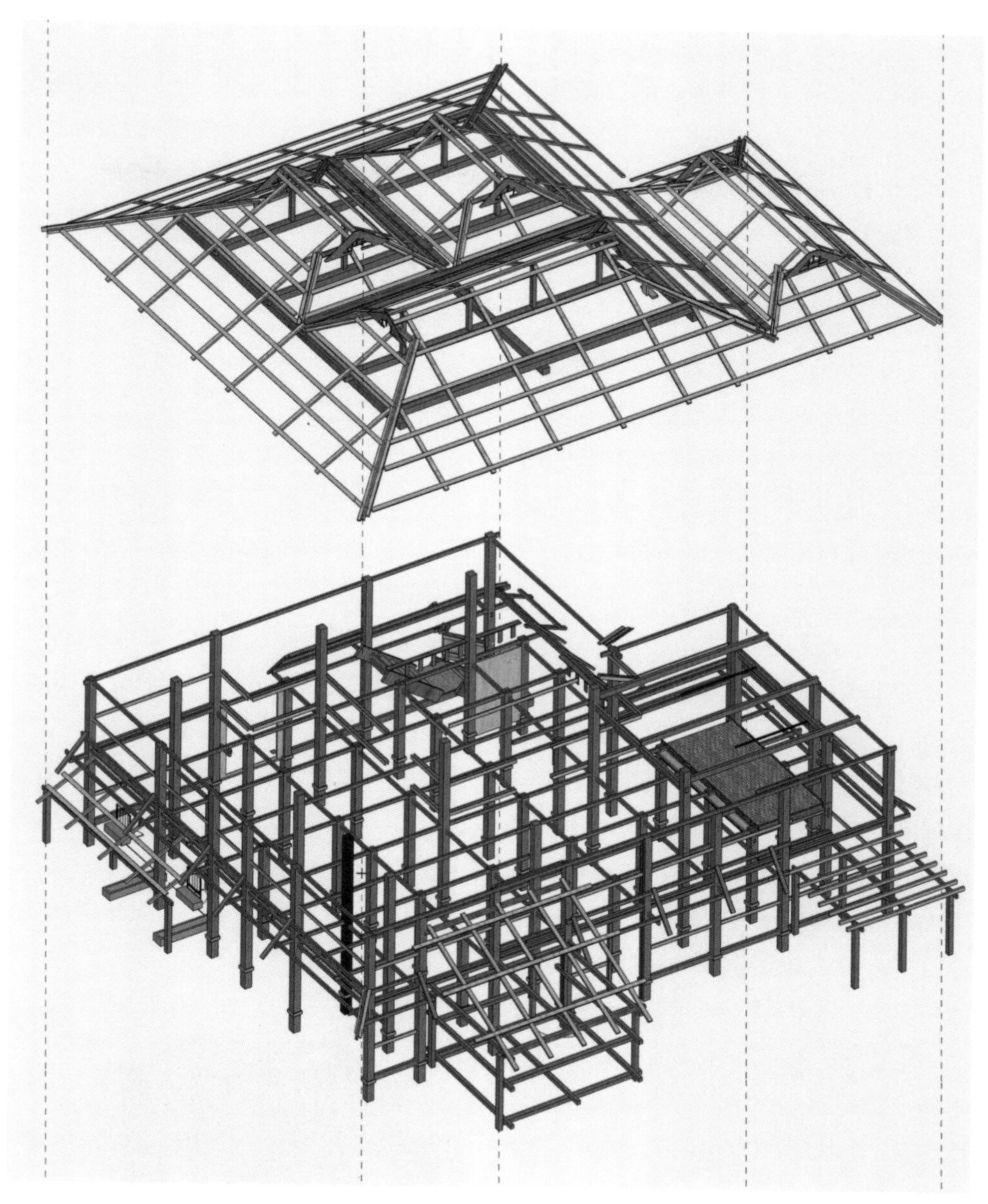

图92　曼冈村住宅支撑结构

（2）水平支撑结构

一层地板下的主要水平支撑结构为十字形交错搭接的梁，最上面的一层梁网的水平高度保持一致。二层以上的水平支撑结构集中在屋顶结构上，从下到上分别为横梁（哈尼语为“Mai”，即与建筑面阔方向平行的梁）、大梁（Piadong，与建筑面阔方向垂直的梁）、脊梁（安置在竹筒木顶上，是屋脊瓦的承重结构），以及瓜柱（哈尼语为“竹筒木”）侧面与之垂直的木条（Niahengjiu），它的长度随着屋架的跨度的增大而加长，横截面为矩形，长宽不定。其中横梁与大梁是直接叠放在一起的（前者在下后者在上），两者同时又是相垂直的。梁的横截面多为矩形，其中横梁和大梁与柱子差不多粗，脊梁的宽和高分别约为10～15厘米、

5～8厘米。无论是地板下的小梁还是横梁与大梁，都不一定是通长的，其中有些是拼接在一起的，有些是错位连在一起的。此外在梁与梁，梁与柱子之间还常用麻花钉进行固定。

（3）连接构件

地下部分连接构件为十字形交叉的穿枋，而地上部分基本没有连接构件。连接构件基本都靠榫卯结构连接，包括柱头榫、梁头榫、柱脚榫等榫卯。此外，局部地方还用麻花钉加固。

（4）屋顶结构

屋顶部分的结构自下而上分别有：竹筒木，垂直立在大梁上，其横截面一般为方形或矩形，长宽为10～15厘米，它是屋顶部分主要的垂直支撑结构（并不是所有的房子上都会有这一根柱子）。竹筒木顶上安放脊梁。有时候在脊梁下方还会有枋，加以固定竹筒木。竹筒木两边为人字形的斜梁（人字木），固定在瓜柱上，与瓜柱垂直的为Piahengjiu，这一根木条上架着斜的人字木、两头分别为三根角梁，其中旁边的两根叫Nuema，而中间的则叫Yongweidouya。最后是人字木上的横条，它是屋瓦的直接承重结构。

5.4.2 曼冈村居住建筑构造

5.4.2.1 墙体

维护部分的墙体大部分为2~3厘米厚的、20~25厘米宽的木板。木板沿着墙体的方向竖立，一块块拼接在一起，在其外侧的上、中、下三根横木条上用铁钉固定。木板之间往往有一道1厘米宽的缝，这些横木条又通过榫卯被固定在柱子上。二层以上的墙体均为木板墙，一层大部分墙体也为木板墙。少部分采用竹编墙，还会有火烧砖砌的墙体。有些比较原始的房子整个墙体都采用茅草编造。

5.4.2.2 屋面

传统住居屋顶使用茅草屋面（图67），使用茅草与竹篾条编织而成的茅草排铺盖而成。经济条件改善后，竹居屋顶使用防水性更好小青瓦。小青瓦由泥焙烧而成，为长宽20cm×10cm厚的长方体，在其中的一端有一个倒钩，铺瓦时利用其勾住檩条，瓦即可以固定不动。青瓦屋面也是从下面往屋脊上铺的，即先沿着横条满铺一排，然后往上铺第二排，前一排与后一排有所重叠，这样整个屋面铺一遍之后，再在这些瓦上面铺第二遍，第二遍不满铺，而只是沿着前一遍铺法留下的竖向缝隙铺盖，防止雨水滴入室内。青瓦屋面的屋脊则用圆弧形屋脊瓦铺盖，其铺法与石棉瓦屋脊瓦类似。由于屋顶基本都为歇山顶，且屋子的跨度比较大，所以一栋房子的屋顶是由几个屋顶覆盖的，这些屋顶既可能平行也可能是垂直的。在两个相平行或垂直的屋顶之间形成一个凹槽，在其底部铺设有铁皮成为排水渠。在雨天，屋面上的雨水，通过排水渠流向屋顶外，或先排到更低的屋顶水渠，再向外排出。覆盖小青瓦的民居（图93）今天在西双版纳哈尼族村寨中还能看到。目前曼冈村大多数屋面都被石棉瓦代替。先在屋面最下部安放一排石棉瓦，并将其用钉子钉在下面屋架的横条上，接着往上叠放另一排瓦，这排瓦的下部与前一排瓦的上部还会有20～30厘

图93　小青瓦屋顶做法

米长的重叠。其他瓦则依此方法依次往上安放。两坡之间有脊，屋脊部分用专门的屋脊瓦覆盖。屋脊瓦为浅“v”字形，长约为60厘米，安放是开口向下，倒扣在脊梁上。在一些新盖的房子中也会用到彩钢屋顶（图94），安放方法与石棉瓦的类似。

5.4.2.3 楼板

在房子内，除了火塘所在区域之外，其他均用2~3厘米厚的、20~25厘米宽的木板沿着与房子面阔平行的方向铺设。木板都不是通长的，都是一组一组拼接在一起。木楼板和木墙板类似，板间有缝隙，有利于室内通风，但也降低了对家庭私密的维护。而室外的阳台和露台大多为现浇混凝土地板。不同人家的火塘的地板做法是不一样的（图95），但基本都是在柱子上以5～15的距离布置小规格的梁，梁的横截面长宽约为10cm × 5cm。接着在梁上密布木板，再在木板上现浇水泥地板，或者直接用素土夯实。

5.4.2.4 地面

建房前往往先平整地面再立柱子，再把泥土地面夯实，并要保证整个房子一层的地面高出周围地面大概10～15厘米，以防止雨水漫入一层。另外，还根据需要在适当的位置铺砌水泥地板，作为室内晾放茶叶或者堆放杂物的地面，而其他黄土地面则完全裸露在外。最后在屋檐滴水的下面沿房挖掘一圈深约10厘米，宽约20cm～30cm的排水沟。一层地面基本不用砖石砌筑。

5.4.2.5 楼梯

曼冈民居楼梯的构造均为木质。楼梯分两种，一种只有踏板，另一种则既

图94 彩钢屋顶做法

图95　火塘地面的两种材料

有踏板又有挡板。两种楼梯的构造做法类似，楼梯踏步的两边分别有一块长、宽、高分别约为200厘米、8厘米、25厘米的长方体木板，在这两块木板之间为踏板和挡板，而在踏板下面又有两根固定楼梯用的木条。楼梯的具体构造做法为：先在两边的长方体木板的侧面按一定距离凿出凹槽，再把踏板和挡板安放上去，接着把两边木板向中间夹紧，最后用榫卯结构在楼梯的两端踏板下面安放两根出头的横木条，并在横木条穿出长方体木板的端头开孔，插入细木钉将楼梯固定。这样一来长方体木板无法向两侧移动，踏板和挡板也可以固定不动。此外，楼梯均不设扶手，也没有栏杆。有些人家为了防止禽畜上到二层污染地板会在楼梯上设木门。

5.4.2.6　柱子

建房所用的柱子材料出产于当地野板栗树，这种树木质很好，按照村民的说法它埋在地下十几年也不会腐烂。近年来随着建房数量的增加，野生木材已经无法满足人们需求，建房木材的来源开始多元化，村民开始从自家林地、集体林伐木取材，更普遍的做法是从村外购买木材。整根柱子完全裸露在泥土中，不做任何保护措施（有些人家为了应政府要求，在柱子与地基表面交接处浇灌了一圈水泥，外形看起来像是柱子基础，但实际上没有任何承重作用）。梁、枋等构件都是正方体或者长方体，不做收分。有些主要的梁的规格大小与柱子相同。

5.4.2.7 敞廊

敞廊周围设置一圈高约60厘米的木质栏杆，栏杆有间隔镂空形和全不镂空形两种。最下面为木质地袱，其上为按一定间隔设置或密布的望板，望板通过榫卯固定在地袱木中，或直接钉在其侧面。望板上为栏板，与望板的连接方式与地袱相同。栏杆的望柱一般为房子的承重柱，也有单独设置的情况。栏板通过榫卯结构固定在望柱之上。

5.4.2.8 洗澡间、卫生间

随着现代化程度的逐渐提高，洗澡间、卫生间等现代卫生设施逐渐普及，它们大多数也是木构架体系（也有少部分砖混结构），开间和进深一般为2米左右，通过木柱承重，其上架设密铺的细梁，屋面为石棉瓦或铁皮。墙体材料是石棉瓦，石棉瓦竖立并直接钉在柱上或柱子的枋上。在墙体的顶部和屋顶之间，有一圈镂空，以利于通风透气。洗澡间和卫生间上基本都安置有太阳能和蓄水罐，并通过铁质水管或塑料管将水导入室内。卫生间通常设有排水系统，也有通过上下排水的方式用塑料管将废水排入一层水沟中的做法。洗澡间基本不设排水系统，只通过一根安在地板上简易排水管直接将水排到室外，做法相对随意自由。

5.5 营建机制

5.5.1 施工组织

曼冈村并没有专业的施工队，沙当老人等五、六位村民组成的施工小组在农闲时为村民建房。

5.5.2 建造过程

施工小组一般利用农闲期间修盖房子，这个过程中房主或者房主的亲戚也会参与劳动。建造过程没有建筑图纸，先由房主提出要求，并根据房主提供的木材决定房子大小，然后按照一定的程序开始修建。

5.5.2.1 建房程序：

（1）修整地基

如果所选地面比较平整，则稍加修整即可。若是坡地，则需要把整个地面削平。

（2）立柱（zongze）

每家住宅都有最先设立的“第一根柱”，这根柱子在当地人的传统习俗里具有很重要的意义，所以立柱过程相当讲究。在立柱前先挖好埋柱子的坑，再把柱子抬至坑旁，并绑上三根茅草。接着往坑里倒三勺从追玛井里打来的水，再在一个碗里放入米和鸡蛋，然后拿几粒米沾一下鸡蛋，并将米扔在坑里，重复三次。接着男主人将柱子立起固定，再把一只狗拴在柱上（脖子上有白条的狗不能用），由舅舅（赡养父母的那个）把狗打死，并由其他人烹煮。如果没有舅舅则找类似舅舅的人。立好第一根柱后，根据所需房间的大小按照一定柱间距（1.5～4米不等）继续立其他柱子，再把所有的柱子用网格状的穿枋（yeouma，是一个汉化的词）固定起来，最后覆上泥土夯实。

（3）定横梁（mai）

（4）定大梁（piadong）

（5）架竹筒木（douzai）

（6）定脊梁（duiqioang）

（7）安人字木（douya）

先安房子两端的两根竹筒木之间人字木（yongweidouya），再在竹筒木侧面安一根与之垂直的木条（piahengjiu），并在木条上搭放斜的人字木（piahengdouya）。

（8）架角梁（nuema）

角梁总共有三根，三根角梁中，旁边的两根叫nuema，中间的叫yongweidouya。

（9）钉横条xiuzai

直接在人字木上钉横条，从人字木最下端逐渐往上排布。

（10）上瓦

以上结构都完成后开始上瓦

[目前使用石棉瓦，以前是用小青瓦（mihao）]，然后建楼板，接着建墙[如果下雨先上瓦，如果晴天则先上楼板（wuhao）和墙（kapiao）]，最后才是楼梯、栏杆等其他部件。新房盖好后，将立柱时用地鸡蛋煮熟，与熟糯米同置，由主人将碗端到屋里每个人面前，吃的人双手接过，放入嘴里。食物只提供给屋里的人（哪些人来得快就能吃到），不提供给屋外的人。吃饭地点不一定在火塘间，只要在室内即可。

（11）次要建筑

卫生间、谷仓等其他次要建筑，围绕着大房子在其周围修建。

5.5.2.2 建筑材料来源

建房材料多为木材，木材来源包括集体林、自家林等。石棉瓦、砖等材料则需要从外面购买。最近几年，随着需求量的增大，山上木材减少，大部分木材需要从外面购买。

5.5.2.3 建房施工费的分配

施工小组成员的建房收益分配上是平等的，采取多劳多得的分配方式，工费一般为100元／天。建造费用大约为200元／平方米，其中包括建筑材料费和施工费用。建造一栋200平方米的房子，大概需要花销6万~7万元。

5.6 总结

住居的空间形态展现了诸多社会、自然、经济和文化因素的综合影响。哈尼族民居以男女分室的室内空间和子母房形式布局的建筑组群为主要特点，这一空间模式的形成与早期聚落所处的自然环境、社会经济文化背景息息相关，反映着当时当地人在自然中的栖息理念与聚居模式。这种模式逐渐成熟并作为普遍性心理经验代代累积，最终成为“族群记忆”。它成为当地住居的“原型”（Archetype），是意识中一旦形成，就会被不断强化，不因时代变迁而轻易改变的最基本的内核。在今天的现实生活中，随着生活方式、房间功能需求的更新，住居空间形态也随之做出适应性改变。经济条件的改善带来房屋规模增加，内部功能复杂化，对应的空间划分更为细致。随着家庭结构的改变，家庭成员之间关系的变化，承载家庭生活的住居内的空间划分和空间组织方式也发生改变。家庭成员之间渐趋平等，男尊女卑观念弱化，子女隐私得到尊重，他们拥有了自己的空间，这些空间不再是被忽视的、弱化的空间，在通风、采光以及与主体关系上逐步获得了与“主卧”同样的重视。新的家电设备、卫生设备、家具进入住居，引入了外部世界的观念、生活方式和卫生习惯，产生了新的功能空间。卫生间、洗澡间等新增功能空间逐渐加入、整合，火塘间等原有功能被拆解重置，新的空间关系需要对传统空间结构进行变革，以建立新的空间秩序。传统理念和文化习俗所塑造的空间核心特点在变革中一定程度上被减弱，但仍然会通过自身变化适应新的空间和功能，并顽强的保存、延续下去。

与曼冈寨类似，当前许多地区的乡土住居正处于演变时期，传统的住居空间形态随着功能、技术、观念、经济实力等变化而逐步变化，乡村正在逐步向现代化迈进。村民们按照自己的方式对外来的新的功能、观念和形式进行接纳、消化与吸收，对传统的住居进行改造，使之与新的形式、新的功能相适应。在演变中，曼冈寨的住居还未完全定型，空间与功能、空间与造型尚存在不相适应的情况。这种演变在没有外来大规模、快速建设干扰的情况下由居民自发地、循序渐进地进行着，随着村民对传统民族文化、意识的加强，村寨中的文化自觉者的推动，呈现出了丰富多彩的面貌。

典型房屋测绘图

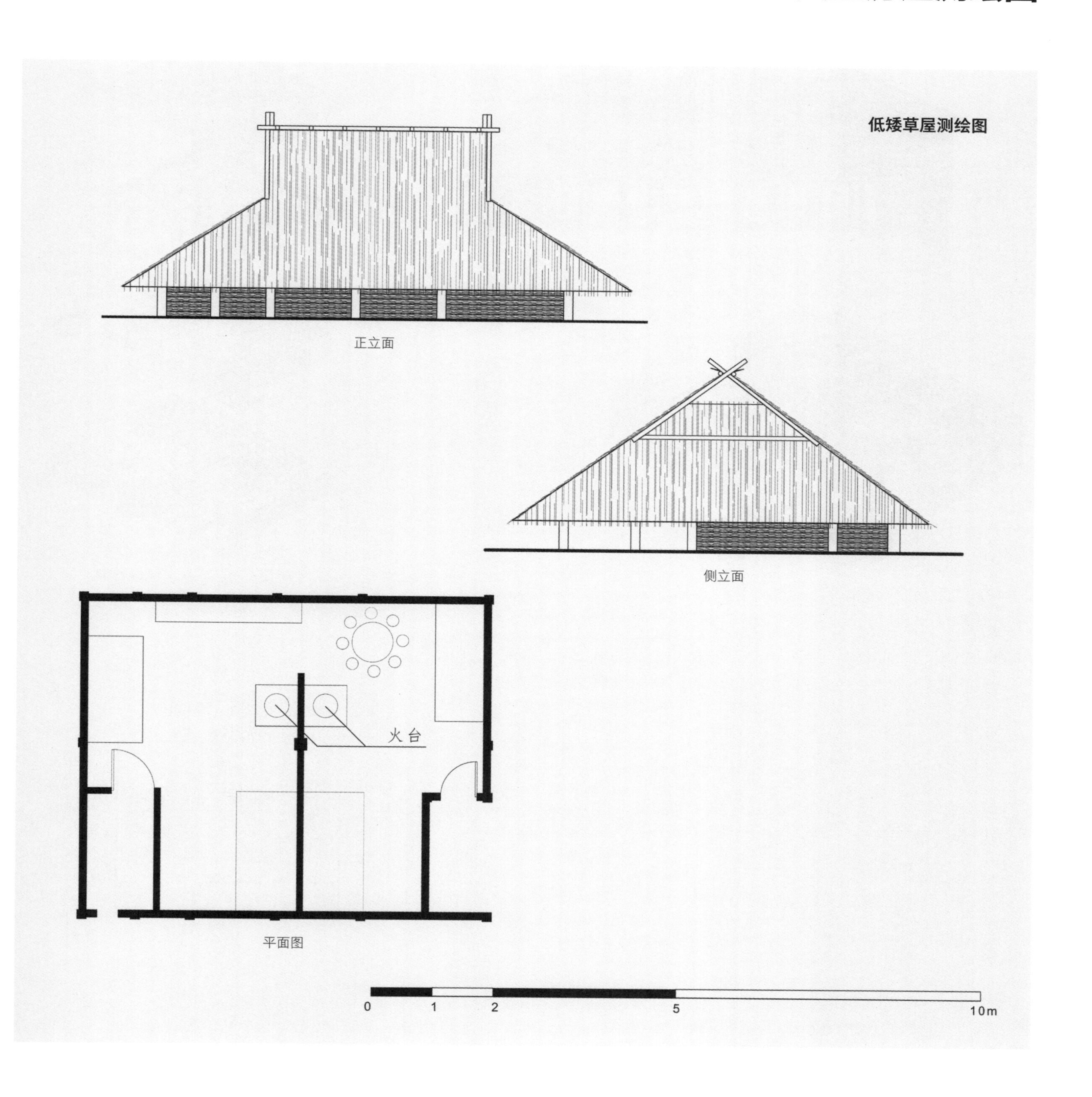

科壹家测绘图

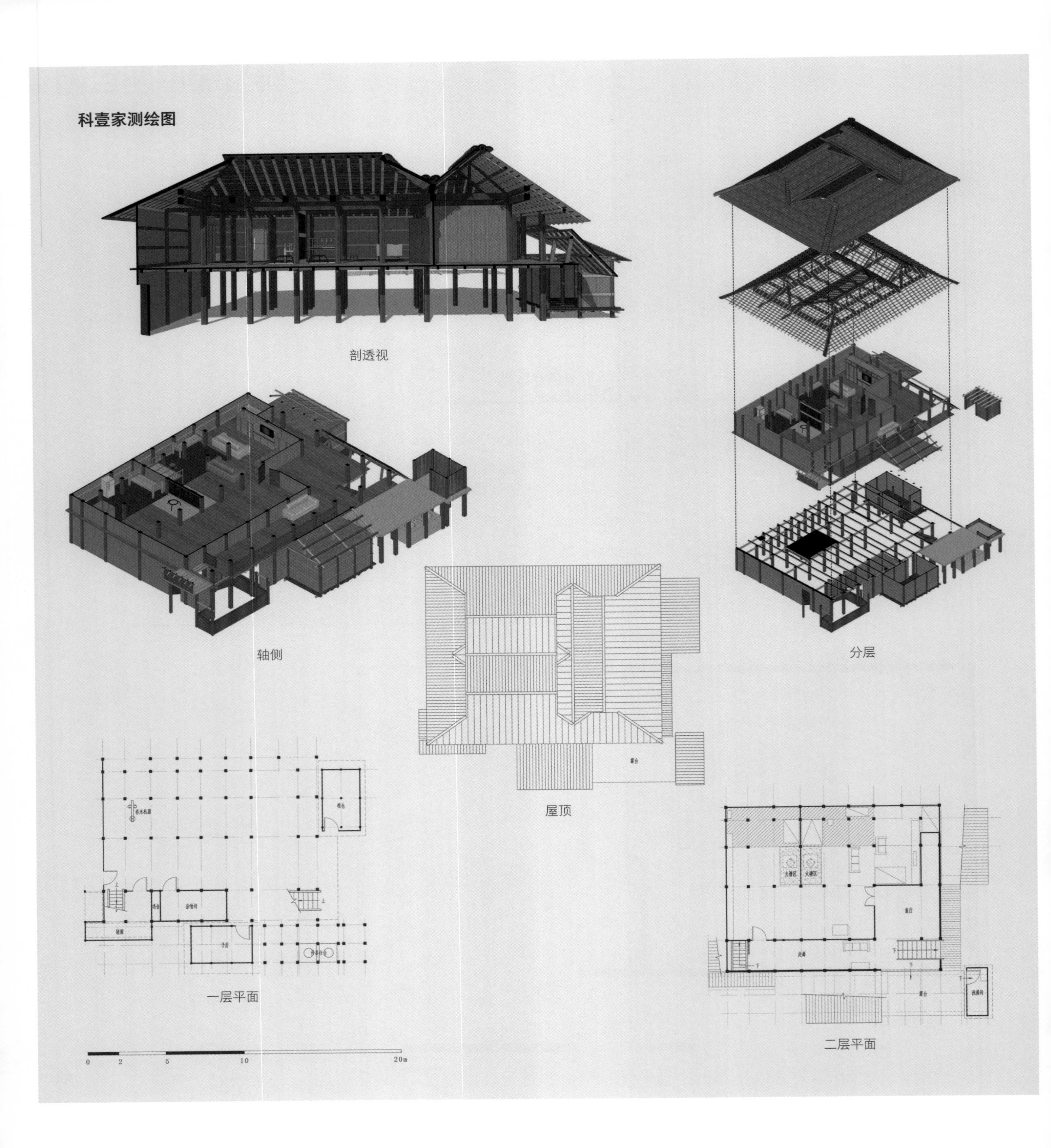

剖透视

轴侧

分层

屋顶

一层平面

二层平面

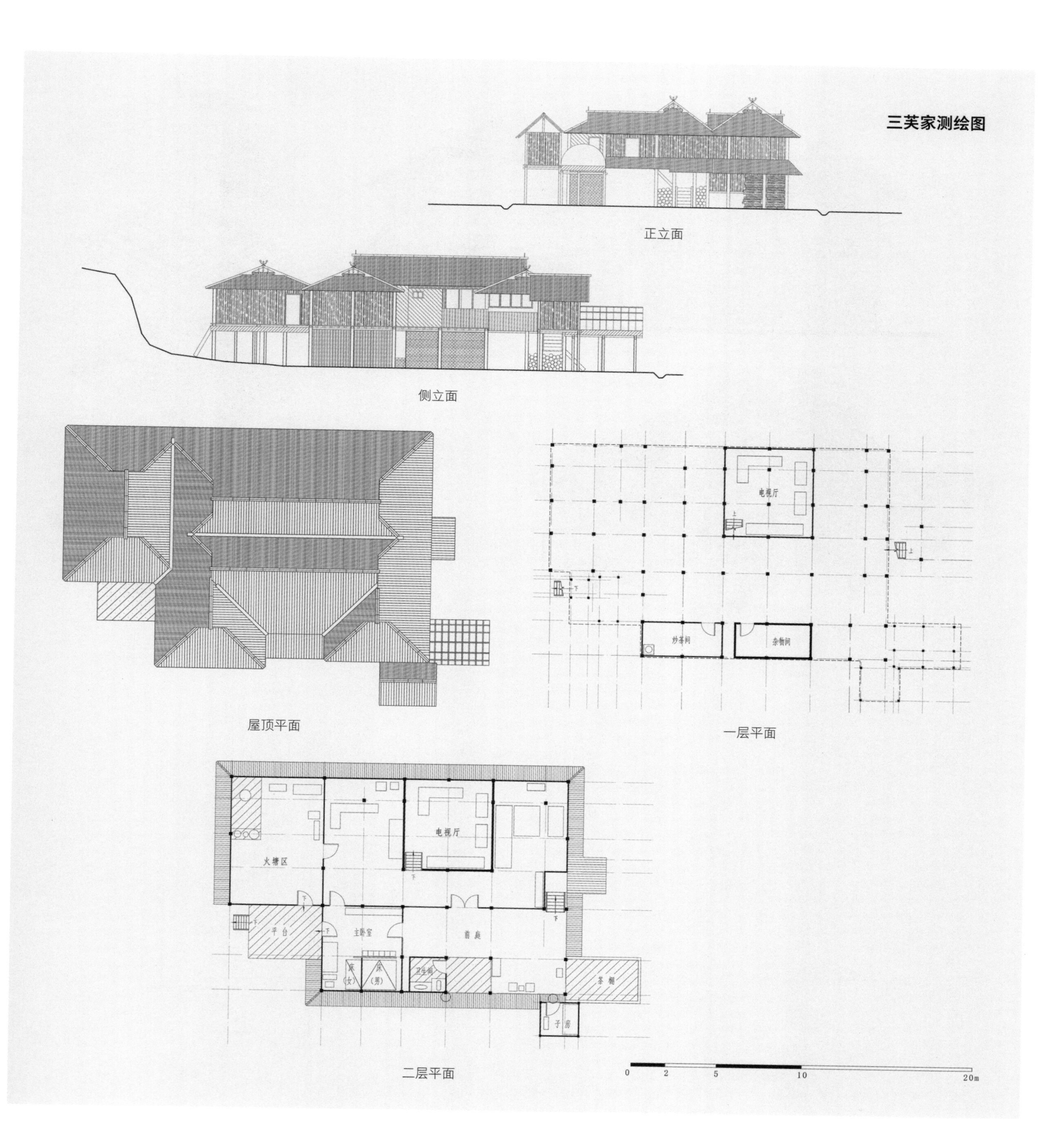
三芙家测绘图
正立面
侧立面
屋顶平面
电视厅
炒茶间
杂物间
上
下
一层平面
火塘区
电视厅
平台
主卧室
前庭
床
(女)
床
(男)
卫生间
茶棚
子房
二层平面
0
2
5
10
20m

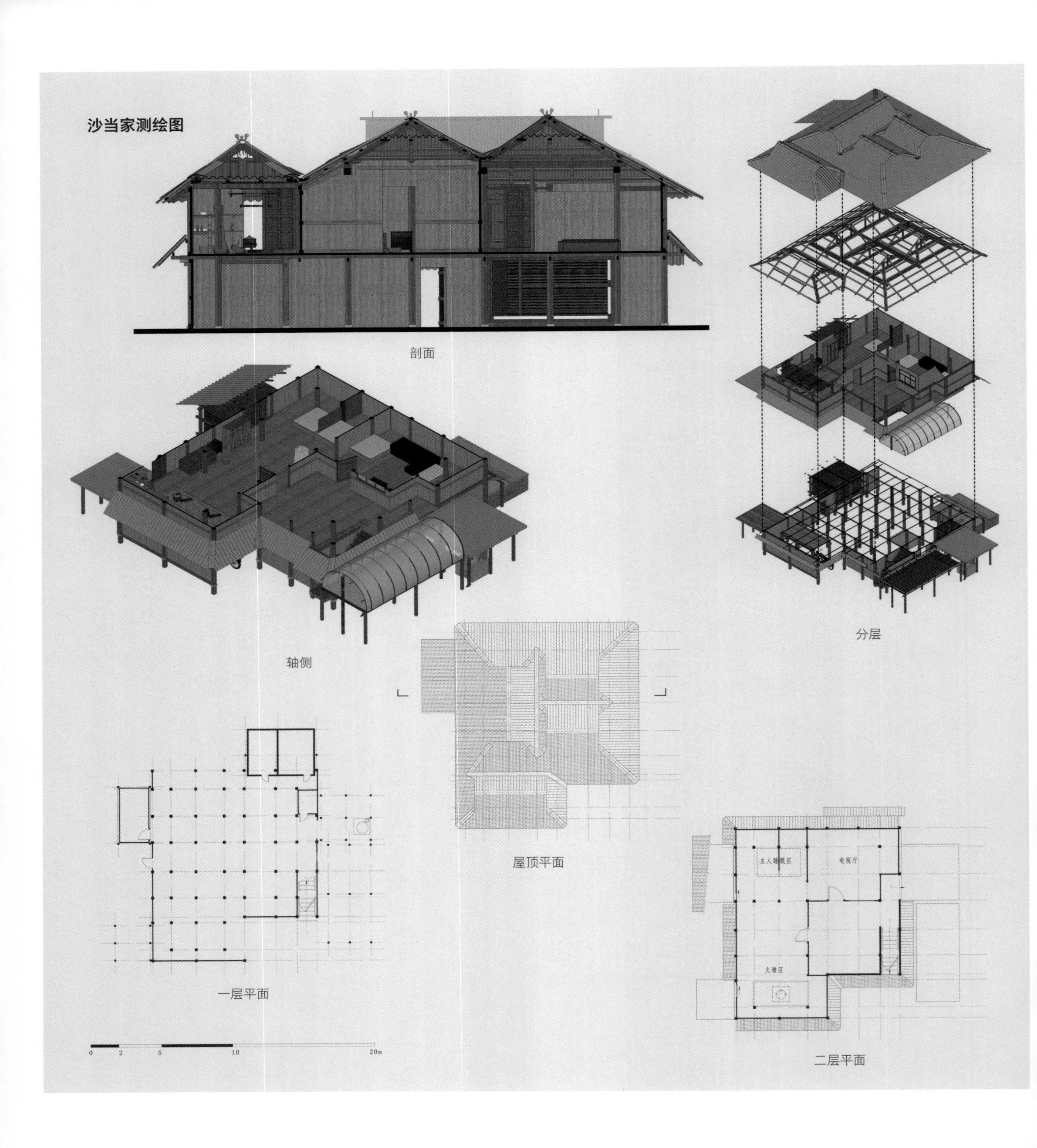
沙当家测绘图
剖面
轴侧
分层
屋顶平面
一层平面
主人睡眠区
电视厅
火塘区
二层平面
0
2
5
10
20m

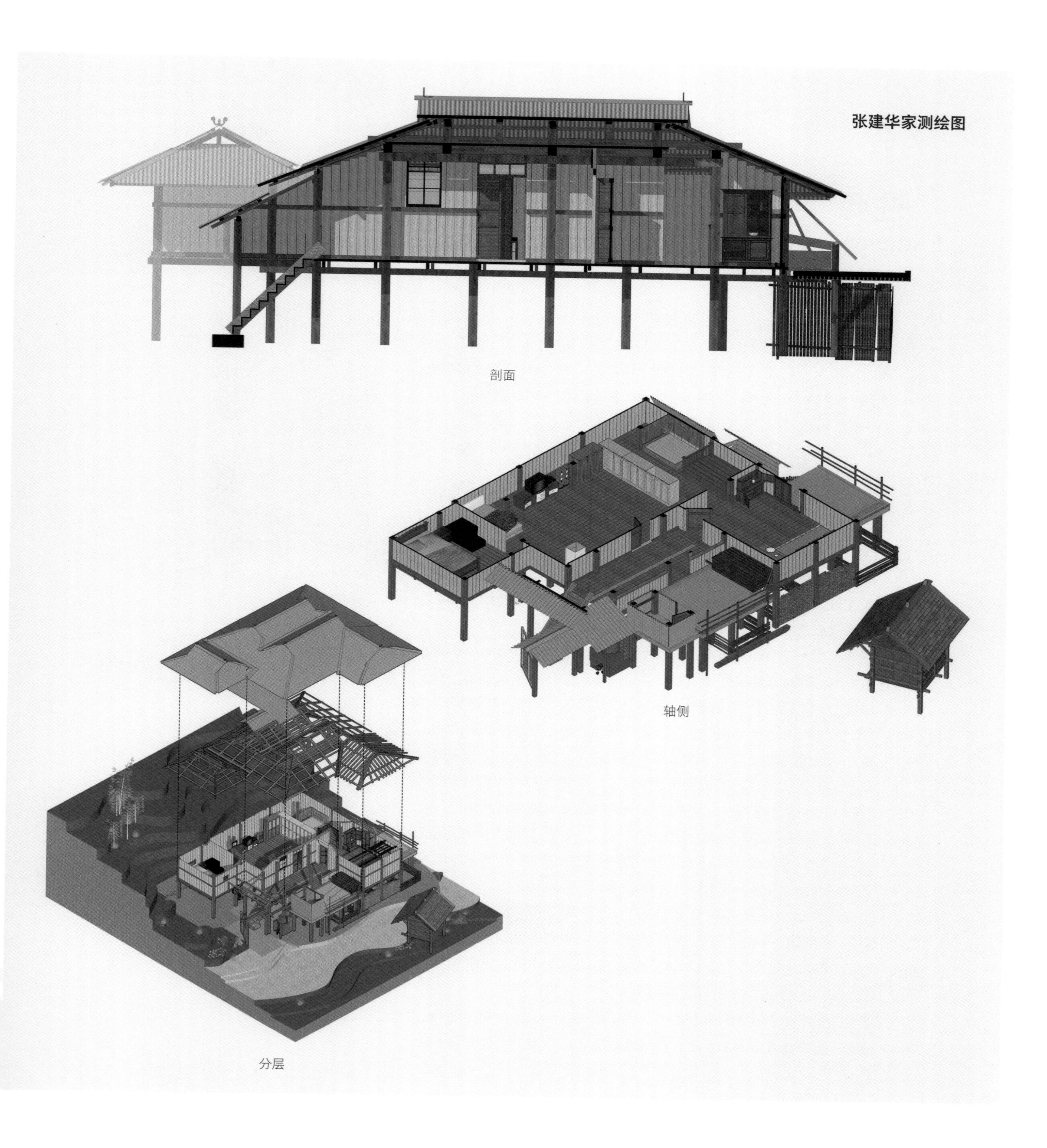
张建华家测绘图
剖面
轴侧
分层

注释
Endnotes

[1] 郦大方 . 西南山地少数民族传统聚落与住居空间解析 [D]. 北京林业大学 , 2013.

[2] 马林诺斯基 , 黄剑波 . 科学的文化理论 [M]. 北京 : 中央民族大学出版社 , 1999.

[3] 列维 - 斯特劳斯 . 结构人类学 [M]. 北京 : 文化艺术出版社 , 1989.

[4] 藤井明 , 宁晶 . 聚落探访 [M]. 北京 : 中国建筑工业出版社 , 2003.

[5] 原广司 . 世界聚落的教示 100[M]. 北京 : 中国建筑工业出版社 , 2003.

[6] 刘敦桢 . 中国住宅概说 [J]. 建筑学报 , 1956, 2(4):1-17.

[7] 梁思成 . 清式营造则例 [M]. 北京 : 中国建筑工业出版社 , 1981.

[8] 钱云 , 郦大方 , 胡依然 . 国外乡土聚落形态研究进展及对中国的启示 [J]. 住区 , 2012, (02):38-44.

[9] 吴芳 . 澜沧江流域西双版纳地区生态环境变化与景观格局研究 [D]. 中国地质大学 (北京) , 2006.P9.

[10] 参考《中华文化精粹分类辞典·文化精粹分类》及《中国旅游文化大辞典》.

[11] 秦超 . 西双版纳曼冈村传统哈尼族聚落初探 [D]. 北京林业大学 , 2012.P10.

[12] 秦超 . 西双版纳曼冈村传统哈尼族聚落初探 [D]. 北京林业大学 , 2012.P12.

[13] 勐海县政府信息网 : http://www.ynmh.gov.cn/sitefiles/services/cms/page.aspx?s=2&n=1443&c=28370.

[14] 朱华 . 论滇南西双版纳的森林植被分类 [J]. 云南植物研究 , 2007, (04):377-387.

[15] 约翰・布林克霍夫・杰克逊 . 发现乡土景观 [M]. 北京 : 商务印书馆 , 2015.

[16] [美] 约翰・布林克霍夫・杰克逊著 . 俞孔坚等译 . 发现乡土景观 [M]. 北京 : 商务印书馆 , 2015.

[17] 钱云 . 哈尼族山地聚落人居环境系统探析——以西双版纳三个典型村寨为例 [A]. 中国科学技术协会、重庆市人民政府 . 山地城镇可持续发展专家论坛论文集 [C]. 中国科学技术协会、重庆市人民政府 , 2012:13.

[18] [美] 约翰・布林克霍夫・杰克逊著 . 俞孔坚等译 . 发现乡土景观 [M]. 北京 : 商务印书馆 , 2015.

[19] 尹豪 , 冀媛媛 . 林中的村寨 , 寨中的“花园”—— 曼冈村寨中植物的景观与文化 [J]. 住区 , 2011, (03):112-115.

[20] 倪亚 , 张永 , 杨永久 . 哈尼族民间治疗妇科疾病的常见药用植物 [J]. 中国民族民间医药 , 2012(23).

[21] 图片来源 : https://www.google.com/search.

[22] 李莲芳 , 孟梦 , 周云， 等 . 云南热区森林蔬菜资源现状及可持续利用对策 [J]. 西南林学院学报 , 2005(03).

[23] 尹豪 , 冀媛媛 . 林中的村寨 , 寨中的“花园”—— 曼冈村寨中植物的景观与文化 [J]. 住区 , 2011, (03):112-115.

[24] 钱云 , 杨雯 , 郦大方 . 现代化进程中哈尼族聚落的形态演变研究——以云南省勐海县曼冈寨为例 [J]. 现代城市研究 , 2013, 28(01):103-110+116.

[25] 尹豪 , 冀媛媛 . 林中的村寨 , 寨中的“花园”—— 曼冈村寨中植物的景观与文化 [J]. 住区 , 2011,(03):112-115.

[26] 秦超 . 西双版纳曼冈村传统哈尼族聚落初探 [D]. 北京林业大学 , 2012.

[27] 参考自网站 http://www.360doc.com/content/13/0723/13/9090133_301939595.shtml.

[28] 郑宇 . 箐口村哈尼族社会生活中的仪式与文换 , [M]. 昆明 : 云南人民出版社 , 2009:153.

[29] 杨忠明 . 西双版纳哈尼族简史 [M]. 北京 : 民族出版社 , 2003:24-27.

[30] 门图 . 西双版爱尼村寨文化 [M]. 北京 : 中国文学出版社 , 2002:15.

[31] 门图 . 西双版爱尼村寨文化 [M]. 北京 : 中国文学出版社 , 2002:19.

[32] 门图 . 西双版爱尼村寨文化 [M]. 北京 : 中国文学出版社 , 2002:20.

[33] 杨忠明 . 西双版纳哈尼族简史 [M]. 北京 : 民族出版社 , 2003:143.

[34] 门图 . 西双版爱尼村寨文化 [M]. 北京 : 中国文学出版社 , 2002:23.

[35] 门图 . 西双版爱尼村寨文化 [M]. 北京 : 中国文学出版社 , 2002:39-43.

[36] 王明珂 . 羌在汉藏之间 [M]. 北京 : 中华书局 , 2008.

[37] 李昕蕾 . 论哈尼族聚落形成的主导因素与聚落形态——以西双版纳曼冈寨和红河元阳县箐口村为例 [D]. 北京林业大学 , 2015.

[38] [日] 佐佐木高明 . 照叶树林文化之路——自不丹、云南至日本 [M]. 昆明 : 云南大学出版社 , 1998.

[39] 郦大方 , 李林梅 . 西双版纳曼冈 (哈尼族) 村寨聚落形态研究 [J]. 住区 , 2011, (03):104-111.

[40] 钱云 , 杨雯 , 郦大方 . 现代化进程中哈尼族聚落的形态演变研究——以云南省勐海县曼冈寨为例 [J]. 现代城市研究 , 2013, 28(01):103-110+116.

[41] 郦大方 . 西双版纳哈尼族住居空间构成及演变——以曼冈寨为例 [J]. 住区 , 2017, (01):47-53.

[42] 在与 Saise 和尼帕的进行的访谈中 , 她们对两个名称的区别以及自己是 Saise 还是尼帕有着不同的说法。我们结合其他村民的说法选择了其中一种说法 .

[43] 张宁 . 西双版纳爱尼人的丧葬等级制及其变迁 . [J]. 民族研究 , 2010.(01):34.

[44] 杨多立 . 西双版纳哈尼族的生态文明系统 . [J]. 云南民族学院学报 (哲学社会科学版) , 2003.(03):74.

[45] 来源自 Google Earth 卫星影像 .

[46] 秦超 . 西双版纳曼冈村传统哈尼族聚落初探 [D]. 北京林业大学 . 2012.

[47] 访谈中有的居民解释 , 跨河布置使得面面相对的房子中的舂米的工具相对 , 会给两家带来灾害 , 应该避免 .

[48] 曼冈寨刚迁下来时由三个姓氏 (家族) 构成 , 今天已经发展到五个姓氏 (家族) , 另一个是随母亲一起嫁入村寨 , 成为一户新姓氏 .

[49] 这里提及的没有家人是指从父母家中独立出来 , 同时没有妻子孩子的个人 . 这里可以看出村民对于家庭范围的观念 , 哈尼族通常实行“以房屋继承为代表的幼子继承制” , 幼子承担赡养老人的责任 . 因此从父母家

庭分离出来的儿子对于原来家庭来说其关系相对弱化 .

[50] 《民族问题五种丛书》云南省编辑委员会 ,《中国少数民族社会历史调查资料丛刊》修订编辑委员会 . 哈尼族社会历史调查 . 民族出版社 . 2009. 120.

[51] 郦大方 , 李林梅 . 西双版纳曼冈 (哈尼族) 村寨聚落形态研究 [J]. 住区 , 2011, (03):104-111. [2017-09-30].

[52] 尹豪, 冀媛媛. 林中的村寨, 寨中的“花园”——曼冈村寨中植物的景观与文化[J]. 住区, 2011, (03):112-115. [2017-09-30].

[53] 冀媛媛 , 郦大方 . 哈尼族自然观变迁下的村寨与周边环境关系的演变——以云南哈尼族曼冈村寨为例 [J]. 风景园林 , 2013, (04):67-72. [2017-09-30]. DOI:10.14085/j.fjyl.2013.04.001.

[54] 郦大方 . 西南山地少数民族传统聚落与住居空间解析 [D]. 北京林业大学 .2013.

[55] 杨大禹 . 云南少数民族住屋形式与文化研究 [M]. 天津 : 天津大学出版社 . 1997.

[56] 西双版纳哈尼族住屋空间模式溯源 [J]. 云南民族学学报 . 2015.5.

[57] 唐黎洲 , 杨大禹 . 西双版纳哈尼族住屋空间模式溯源 [J]. 云南民族大学学报 (哲学社会科学版) , 2015, 32(3):55-59.

[58] 曼冈村民称用水泥砖瓦建造的仿汉地的两层住宅为“楼房”, 这样的建筑底层不再架空 , 而是做起居室、卧室、储藏间。

[59] 唐黎洲 , 杨大禹 , MAO Zhi-rui. 西双版纳哈尼族住屋空间模式溯源 [J]. 云南民族大学学报(哲学社会科学版), 2015, 32(3):55-59.

参考文献
Reference

郦大方 . 西南山地少数民族传统聚落与住居空间解析 [D]. 北京 : 北京林业大学 , 2013.

钱云 , 郦大方 , 胡依然 . 国外乡土聚落形态研究进展及对中国的启示 [J]. 住区 , 2012, (02):38-44.

吴芳 . 澜沧江流域西双版纳地区生态环境变化与景观格局研究 [D]. 北京 : 中国地质大学 , 2006.

秦超 . 西双版纳曼冈村传统哈尼族聚落初探 [D]. 北京 : 北京林业大学 ,2012.

朱华 . 论滇南西双版纳的森林植被分类 [J]. 云南植物研究 , 2007, (04):377-387.

[美] 约翰・布林克霍夫・杰克逊著 . 俞孔坚等译 . 发现乡土景观 [M]. 北京 : 商务印书馆 . 2015.

钱云 . 哈尼族山地聚落人居环境系统探析——以西双版纳三个典型村寨为例 [A]. 中国科学技术协会、重庆市人民政府 . 山地城镇可持续发展专家论坛论文集 [C]. 中国科学技术协会、重庆市人民政府 , 2012:13.

倪亚 , 张永 , 杨永久 . 哈尼族民间治疗妇科疾病的常见药用植物 [J]. 中国民族民间医药 , 2012(23).

尹豪 , 冀媛媛 . 林中的村寨 , 寨中的“花园”——曼冈村寨中植物的景观与文化 [J]. 住区 , 2011, (03):112-115.

李莲芳 , 孟梦 , 周云 , 等 . 云南热区森林蔬菜资源现状及可持续利用对策 [J]. 西南林学院学报 , 2005(03).

钱云 , 杨雯 , 郦大方 . 现代化进程中哈尼族聚落的形态演变研究——以云南省勐海县曼冈寨为例 [J]. 现代城市研究 , 2013, 28(01):103-110+116.

杨忠明 . 西双版纳哈尼族简史 [M]. 北京 : 民族出版社 , 2003.

门图 . 西双版纳爱尼村寨文化 [M]. 北京 : 中国文学出版社 , 2002

王明珂 . 羌在汉藏之间 [M]. 北京 : 中华书局 , 2008.

李昕蕾 . 论哈尼族聚落形成的主导因素与聚落形态——以西双版纳曼冈寨和红河元阳县箐口村为例 [D]. 北京 : 北京林业大学 , 2015.

[日] 佐佐木高明 . 照叶树林文化之路——自不丹、云南至日本 [M]. 昆明 : 云南大学出版社 . 1998.

郦大方 , 李林梅 . 西双版纳曼冈（哈尼族）村寨聚落形态研究 [J]. 住区 , 2011, (03):104-111.

郦大方 . 西双版纳哈尼族住居空间构成及演变——以曼冈寨为例 [J]. 住区 , 2017, (01):47-53.

《民族问题五种丛书》云南省编辑委员会 ,《中国少数民族社会历史调查资料丛刊》修订编辑委员会 . 哈尼族社会历史调查 [M]. 北京 : 民族出版社 . 2009.

冀媛媛 , 郦大方 . 哈尼族自然观变迁下的村寨与周边环境关系的演变——以云南哈尼族曼冈村寨为例 [J]. 风景园林 , 2013, (04):67-72. [2017-09-30]. DOI:10.14085/j.fjyl.2013.04.001.

杨大禹 . 云南少数民族住屋形式与文化研究 [M]. 天津 : 天津大学出版社 , 1997.

西双版纳哈尼族住屋空间模式溯源 [J]. 云南民族学学报 , 2015.5.

唐黎洲，杨大禹 . 西双版纳哈尼族住屋空间模式溯源 [J]. 云南民族大学学报（哲学社会科学版），2015, 32(3):55-59.
马林诺斯基，黄剑波 . 科学的文化理论 [M]. 北京 : 中央民族大学出版社，1999.
拉普普 . 住屋形式与文化 [M]. 台北 : 境与象出版社，1976.
列维 - 斯特劳斯 . 结构人类学 [M]. 北京 : 文化艺术出版社，1989.
藤井明，宁晶 . 聚落探访 [M]. 北京 : 中国建筑工业出版社，2003.
原广司 . 世界聚落的教示 100[M]. 北京 : 中国建筑工业出版社，2003.
刘敦桢 . 中国住宅概说 [J]. 建筑学报，1956, 2(4):1-17.
梁思成 . 清式营造则例 [M]. 北京 : 中国建筑工业出版社，1981.